世界五千年
科技故事丛书

卢嘉锡题

世界五千年科技故事丛书

科学精神光照千秋

古希腊科学家的故事

丛书主编　管成学　赵骥民

编著　邹大海

吉林出版集团｜吉林科学技术出版社

图书在版编目（CIP）数据

科学精神光照千秋 ：古希腊科学家的故事 / 管成学，
赵骥民主编. -- 长春 ：吉林科学技术出版社，2012.10（2022.1 重印）.
ISBN 978-7-5384-6162-6

Ⅰ.① 科… Ⅱ.① 管… ② 赵… Ⅲ.① 自然科学－科学
家－生平事迹－古希腊－通俗读物 Ⅳ.① K835.456.1-49

中国版本图书馆CIP数据核字（2012）第156327号

科学精神光照千秋：古希腊科学家的故事

主　　编	管成学　赵骥民
出 版 人	宛　霞
选题策划	张瑛琳
责任编辑	张胜利
封面设计	新华智品
制　　版	长春美印图文设计有限公司
开　　本	640mm×960mm　1 / 16
字　　数	100千字
印　　张	7.5
版　　次	2012年10月第1版
印　　次	2022年1月第5次印刷

出　　版	吉林出版集团 吉林科学技术出版社
发　　行	吉林科学技术出版社
地　　址	长春市净月区福祉大路 5788 号
邮　　编	130118
发行部电话 / 传真	0431-81629529　81629530　81629531 　　　　　　　　81629532　81629533　81629534
储运部电话	0431-86059116
编辑部电话	0431-81629518
网　　址	www.jlstp.net
印　　刷	北京一鑫印务有限责任公司

书　　号	ISBN 978-7-5384-6162-6
定　　价	33.00元

序　言

十一届全国人大副委员长、中国科学院前院长、两院院士

放眼21世纪，科学技术将以无法想象的速度迅猛发展，知识经济将全面崛起，国际竞争与合作将出现前所未有的激烈和广泛局面。在严峻的挑战面前，中华民族靠什么屹立于世界民族之林？靠人才，靠德、智、体、能、美全面发展的一代新人。今天的中小学生届时将要肩负起民族强盛的历史使命。为此，我们的知识界、出版界都应责无旁贷地多为他们提供丰富的精神养料。现在，一套大型的向广大青少年传播世界科学技术史知识的科普读物《世

界五千年科技故事丛书》出版面世了。

由中国科学院自然科学研究所、清华大学科技史暨古文献研究所、中国中医研究院医史文献研究所和温州师范学院、吉林省科普作家协会的同志们共同撰写的这套丛书，以世界五千年科学技术史为经，以各时代杰出的科技精英的科技创新活动作纬，勾画了世界科技发展的生动图景。作者着力于科学性与可读性相结合，思想性与趣味性相结合，历史性与时代性相结合，通过故事来讲述科学发现的真实历史条件和科学工作的艰苦性。本书中介绍了科学家们独立思考、敢于怀疑、勇于创新、百折不挠、求真务实的科学精神和他们在工作生活中宝贵的协作、友爱、宽容的人文精神。使青少年读者从科学家的故事中感受科学大师们的智慧、科学的思维方法和实验方法，受到有益的思想启迪。从有关人类重大科技活动的故事中，引起对人类社会发展重大问题的密切关注，全面地理解科学，树立正确的科学观，在知识经济时代理智地对待科学、对待社会、对待人生。阅读这套丛书是对课本的很好补充，是进行素质教育的理想读物。

读史使人明智。在历史的长河中，中华民族曾经创造了灿烂的科技文明，明代以前我国的科技一直处于世界领先地位，涌现出张衡、张仲景、祖冲之、僧一行、沈括、郭守敬、李时珍、徐光启、宋应星这样一批具有世界影响的科学家，而在近现代，中国具有世界级影响的科学家并不多，与我们这个有着13亿人口的泱泱大国并不相称，与世界先进科技水平相比较，在总体上我国的科技水平还存在着较大差距。当今世界各国都把科学技术视为推动社会发展的巨大动力，把培养科技创新人才当做提高创新能力的战略方针。我国也不失时机地确立了科技兴国战略，确立了全面实施素质教育，提高全民素质，培养适应21世纪需要的创新人才的战略决策。党的十六大又提出要形成全民学习、终身学习的学习型社会，形成比较完善的科技和文化创新体系。要全面建设小康社会，加快推进社会主义现代化建设，我们需要一代具有创新精神的人才，需要更多更伟大的科学家和工程技术人才。我真诚地希望这套丛书能激发青少年爱祖国、爱科学的热情，树立起献身科技事业的信念，努力拼搏，勇攀高峰，争当新世纪的优秀科技创新人才。

目　录

引　子

　　20世纪初以来，西方科技和文化大量传入中国，作为西方文明主要源头之一的古希腊文化也迅速在中国知识界产生重要影响。在部分知识分子中，当说到一个概念、一条原理、一种思想，追溯其历史渊源的时候，甚至出现了"言必希腊"的倾向。

　　这种"言必希腊"的倾向，固然与鸦片战争以来中国人民饱受西方列强欺凌，民族自尊心受到极大伤害，民族虚无主义思潮泛滥有很大关系，但也应当承认，古希腊人在哲学和科学的各个领域的确取得了巨大的成就，对欧洲近代文明的兴起和发展产生了不可估量的影响。不仅如此，古希腊科学家和思想家的科学精神与辉煌成就，仍有如灿烂的明灯，照耀着今天和今后有志献身于科学发展的人前进的道路，并激励着每个青年朋友奋发向上，勇于开拓，积极进取，创造自己美好的未来。

在这部书里，我们将向大家着重讲述古希腊科学家特别是数学家的故事，介绍他们的科学贡献，他们的献身精神和科学态度，和大家一起共同分享他们的喜怒哀乐。应该指出的是：由于年代久远，文献漫天，古希腊科学家的真实的生平事迹很多湮没不彰，现在流传的很多故事已经难辨真假。但是，历经2000年时间洗刷而仍在流传的故事，不正是科学家活在人们心中的真实写照吗？

因此，本书不仅叙述历史学家考证后认为属于真实的材料，也讲述那些与科学家个性相符但未必真实的传奇故事。我们将力图本着我国汉代大史学家司马迁"信以传信，疑以传疑"的准则，并稍作艺术加工，尽量准确生动地反映古希腊科学家的精神风貌和科学成就，也算是向这些对人类文明作过重大贡献的伟人表达景仰之情吧。

从公元前2000年左右到公元前30年，古希腊人以巴尔干半岛、爱琴海诸岛和小亚细亚沿岸为中心，在包括意大利半岛西部、西西里岛、希腊半岛、北非和西亚的整个地中海地区建立了一系列奴隶制国家。特别是公元前8世纪以后，大批的奴隶制城郡兴起，并逐步建立了奴隶主民主政治制度，生产力有了很大发展，经济繁荣，自由的学术气氛得以产生并获得发展。在这样的社会条件下，希腊人创造了光彩夺目的古代文明，在哲学和科学"特别是数学"上取得了极其巨大的成就。余波所及，以至公元前30年亚历山大并入罗马帝国版图后，数学仍得到一定发展，甚至在公元3世纪中叶至4世纪中叶这段时间还出现了所谓古希腊数学的白银时代。

公元前7世纪末以后，希腊逐渐产生了一些哲学派别，造就了一大批名垂青史的杰出哲学家和科学家。他们的成就和贡献不仅促进了后世科学和文化的发展，而且至今仍是我们学习的材料；他们的大名则常常出现在教科书里重要定律和原理的名称中，受到人们永久的纪念和景仰。

神奇预言把兵练

　　公元前7世纪末，在今伊朗北部的米底五国与两河流域下游的迦勒底人联合攻占了亚述的首都尼尼微，亚述的领土被米底和迦勒底瓜分了。米底占据了今伊朗的大部分土地，仍不满足，想要继续向西扩张，遭到了吕底亚王国的顽强抵抗。双方在哈吕斯河一带展开了激烈的战斗。战争进行到第5个年头，仍不见胜负。残酷的战争给两国人民带来了深重的灾难，生产受到极大破坏，人民生活苦不堪言，到处是尸横遍野，遍地哀鸿。可是双方的统治者仍不顾一切，继续作战。一位哲人预言说：上天反对战争，某月某日将把白天变成黑夜来警告作战双方。到了那一天，两国士兵仍在继续对战，双方打得难分难解，血流成河。突然，白昼变成了黑夜，伸手不见五指，正在酣战的两国兵将大为恐惧，以为真是上天发怒，相信如果再战下去将受到老天严厉的惩罚，于是休兵息战，讲和修好，表示和睦相处，不再兴兵。后来两国还互通婚姻，成为友邦。

这位做出神奇预言的人名叫泰利士（Thales of Miletas，约前624—前547），是最早留名于世的哲学家和科学家。他创立了古希腊最早的哲学学派——伊奥尼亚学派（又称米利都学派）。泰利士生于米利都，父亲艾克萨米斯是卡里亚人，母亲克利奥布林有腓尼基血统。泰利士早年从商，曾游历了巴比伦、埃及等地，并很快学到了那里的数学和天文学知识。后来他又从事过政治和工程活动，研究科学和技术，晚年他潜心哲学研究。

泰利士作出神奇的预言并不是他有特异功能，只是他掌握了一定的天文学知识和计算方法，预测出那天（一般认为是公元前585年5月28日下午3时）会发生日食。战争的结束当然还有政治和经济方面的原因，泰利士的准确预报则提供了一种契机。他看到了战争给人民带来了无尽的苦难，希望尽早结束罪恶的战争，就借口上天反对战争，来促使战争的结束。

泰利士是一个风趣机智的人。《伊索寓言》里有一个故事说：有一个商人用一头驴子驮东西，买卖各种货物。有一次，他到海边去贩盐，买了很多驮在驴背上，赶往山村里去卖，一路走得很顺利。走着走着，他们来到山间，经过一座狭窄的石桥，桥下流淌着一条很深的小溪。商人牵着驮有很多盐的驴子，在溜滑的石桥上小心翼翼地走着，突然驴子一失足滑倒了，一下跌入小溪里去。驴子挣扎着逆水而游，流淌的溪水把驴背上的盐溶化了，冲走了，驴背上的重量越来越轻，最后，只剩下几只空口袋还系在鞍上。驴子背上一身轻，便轻易地上了岸，轻松愉快地向前赶路。不久，商人决定再去贩一次盐。他带着驴子驮着从海边买来的盐，仍然往山村里去卖。不知不觉，他们又来到了那座狭窄的石桥前。驴子想起它曾多么轻易地甩掉了重担，不驮东西走起来真是舒服多了，便故意跌进溪里，在水里挣扎，直到盐给溶化得一干二净才爬上岸来。商人很懊恼，他损失了整整两驮盐，很怀疑驴子是在有意跟他捣鬼。于是他决定捉弄一下这头狡猾的驴子。他赶着驴子又一次来到海边。这回他不是买盐，而是买了一大驮海绵。驴子高高兴兴地驮着海绵向山村里赶去。心想："这口袋真轻，一到那座石桥就更轻了。"不久，他们来到石桥前，驴子一踏上石桥，就往溪水里滚去，倒在那儿挣扎，等着背上的东西像前两次一样溶化掉。这回轮到驴子倒霉了，海绵不但没有溶化掉随水流走，而且很快吸满了水。驴子感到背上的口袋越来越重，心想："这是怎么回事呢？不对劲呀！"渐渐地，它只觉身子直往溪底沉下去，终于吃不住了，就不住大叫起来："救命呀！主人，救命呀！"商人这才弯腰把这头气喘吁吁、口喷唾沫的驴子从水里拉上岸来。"我们回家吧，怎么样？"商人说道，他牵着驴子向山腰走去。驴子迈着缓慢的步子，驮着沉重的口袋，朝山村里赶去，心里很难过地想道："这回驮东西，怎么比出发时反而加重了一倍？”此后这头驴子再也不敢故伎重演了。伊索的这个寓言，是要告诉人们不要用同样的办法解决不同的问题。据说泰利士有过这样的故事，或许伊索根据泰利士的传说，加工成这个寓言也未可知。

泰利士年轻时到各处经商，见闻广博，他又勤于思考，所以在商业上很成功。据亚里士多德说，泰利士要利用多方面的知识，预见到有一年橄榄必然会获得特大丰收，于是他便先垄断了这一地区的榨油机。事情果不出他所料，那年橄榄真的特大丰收，需要大批的榨油机。于是泰利士自定价格出租榨油机，获得了巨额的财富。

不过，泰利士从商并不是为了致富而致富。据说有人曾讥讽他：如果你真聪明的话，为什么不发财呢？泰利士从商，是为了向人们显示发财并不比研究天文学更困难。泰利士经商发了财，但时时留意各种知识，研究科学问题，最后他终于走上了探索大自然奥秘的道路。

泰利士研究事物非常专注，所以有很大的成就。

柏拉图曾记载：有一次泰利士观察天象，探索星体运行的规律，一不小心失足跌进沟渠里去，一位秀丽的色雷斯女仆便嘲笑他说："你连近在眼前的东西都看不见，怎么会知道天上发生的事情呢？"泰利士的失足，可谓"智者千虑，必有一失"。

泰利士没有结婚。雅典的大改革家梭伦去米利都探望泰利士，问他为什么不娶妻生子。泰利士没有马上作答。几天以后一个陌生人来了，说他10天前从雅典来，梭伦问他那里有什么见闻。他说："别的倒没什么，只是有一位年轻人的葬礼全城的人都参加了。他们说，他是一位尊贵人物的儿子。这位父亲是全城品行最高洁的人，可是不在家，很久以前就出去旅行去了。"梭伦说："多么惨的人啊！可他叫什么名字来着？"那人说："我倒是听说过，可就是忘了。只听说他很英明、很正直。"梭伦被他的每句答话所刺激，恐惧感不断增加，最后他惊慌失措起来，不由得吐出了自己的名字，死死抓住那位陌生人的手问那个死去的年轻人是不是梭伦的儿子。当陌生人点点头时，梭伦悲痛万分不能自禁，双手不住地捶打自己的脑袋。泰利士连忙握住他的手，微笑着说："梭伦，这就是我不结婚生小孩的原因。你看，这种事就连这么坚强的你都承受不了。不过，这个消息请你别在意，它完全是件虚构的事！"原来，那位陌生人竟是泰利士特意请来这么做的！

泰利士还曾帮助吕底亚克罗色斯的军队渡霍利斯河。据说克罗色斯挥师开往波斯，为霍利斯河所阻，不能前进。正巧泰利士也在军中，他想了一个巧妙的办法。他让士兵们挖了一条半圆形的深水渠，水围在军营的后面，两头与霍利斯河相通。这样河水就分为两部分，军队就能轻而易举地涉过去了。

泰利士不仅在现实生活中表现出少有的睿智，更为重要的是他在抽象理论方面取得了巨大的成就。在哲学上，他创立了希腊历史上第一个学派——米利都学派。他提倡水是万物的始基、本原和实体，认为万物都从水中而来，是水的变形，万物又最后都复归于水。水包围着大地，大地漂浮在水上，不断从水中吸取它所需要的养分。这是从感性直观所把握的千姿百态的具体事物和现象中寻找它们共同的统一的物质基础的有益尝试。虽然这种理论还很幼稚，但这种从统一性和总体性上把握世界的自觉意识，标志着古希腊哲学进入一个新的历史阶段。

泰利士早年经商到过埃及和巴比伦，学会了那里的数学和天文学知识，结合自己的研究，他取得了很大成就。公元5世纪雅典柏拉图学园晚期的导师普罗克洛斯（Proclus，约412—485）说以下定理是他发现的：

（1）圆的任意直径平分圆。

（2）等腰三角形两底角相等。不过，当时他还没有把角作为具有大小的量看待，只是看成具有某种形状的图形，所以他用"相似"这个词来描述两个角的相等。

（3）两直线相交，对顶角相等。

（4）有两角夹一边对应相等的两个三角形全等。这个定理系公元前4世纪的欧德莫斯（Eudemus of Rhodes，活跃于公元前335年前后）发现，却归功于泰利士，并说他还利用它测算出船到岸边的距离。可惜具体测法已经失传，数学家只能去推测了。

（5）半圆所对的圆周角是直角。据说泰利士从埃及人那里学到几何学后，第一次在圆内作出内接直角三角形，还为此宰了一头牛来庆贺呢。

如果上述记载确实可靠，那么泰利士的几何学成就确实达到了相当高的水平，肯定已掌握了更多的知识。据说他还利用他的几何学知识测定过金字塔的高度。对这点，有的说是他利用人的身高和影子相等的时候，金字塔的高也和它影子相等的道理；有记载则说泰利士在金字塔影子的端点处直立一根杆子，利用塔高与杆子的比等于二者影子长度之比的道理。当然，由于塔尖在地平面上的投影没法直接确定，所以具体的测量要复杂一些。泰利士对金字塔高度的测定使埃及法老雅赫摩斯二世很高兴。这是西方测量术的滥觞，也说明他对相似形对应边成比例的定理有了初步的认识。

泰利士对希腊科学和哲学产生了巨大的影响，毕达哥拉斯就是在他的学派影响下产生出来的杰出人物。

神秘的数

今天，我们都知道万物都是由原子构成的，可在2500多年以前有位哲人却提出一个很奇特的观点，认为不能把事物归于具体的物质，只有抽象的数才是万物的本质。他就是名字被西方人用来命名勾股定理的古希腊哲学家、科学家毕达哥拉斯。

毕达哥拉斯（Pythagoras，前570—前490）生于小亚细亚西岸的萨摩斯岛，父亲谟涅萨尔库是位富有的商人。毕达哥拉斯青少年时代就热衷于学术活动，又对宗教的神秘仪式和祭典怀有浓厚的兴趣。他曾在爱琴海中的锡罗斯岛求学于费雷西底。后来他又来到米利都求学于泰利士。泰利士发现毕达哥拉斯聪颖好学，领悟力极强，而自己年事已高无法亲自施教，于是便把他介绍给自己的学生安纳克西曼德，并劝他也像自己一样到埃及去游学。公元前540年前后，毕达哥拉斯渡海去埃及游学，学习和通晓了古埃及语言、文字及各种知识，后又当过埃及僧侣，参加了埃及神庙中的祭典和秘密入教仪式。约过了10年，毕达哥拉斯被波斯国王从埃及虏往巴比伦等地，他在那里约待了5年的时间，和当地的僧侣有过交往，学习了那里的科学和哲学知识。约公元前525年左右，他回到萨摩斯岛开始讲学，并游历了希腊本土及克里特岛，考察法律和政治制度。约公元前520年，为了摆脱波利克拉底的暴政，毕达哥拉斯和母亲及唯一一个弟子离开萨摩斯，移居西西里岛，最后在克罗托内（意大利半岛南端）定居。在克罗托内，他广收门徒，建立了一个集宗教、政治和学术于一体的组织——毕达哥拉斯学派。

毕达哥拉斯在政治上成了当地保守贵族政体的决

策核心。毕达哥拉斯初到克罗托内就受到欢迎，被邀请对当地的青年、妇女和儿童作演讲。在热心的听众中有房主米洛的女儿西雅娜，这位绮年玉貌的姑娘被毕达哥拉斯迷住了，后来成了他的妻子，还给他写过传记，可惜早已失传了。

毕达哥拉斯学派宗教组织很严密。它的信徒分为两等。一等是普通听众，占大多数，他们只能听讲，不能提问，更不能参加讨论，得不到高深的知识。另一等才真正是这个学派的成员，这种成员名称的原意是掌握了较为高深知识的人，它后来演化为数学家，这就是欧洲文字中数学一词的来源。

毕达哥拉斯学派对其成员有很高的要求，他必须有一定的学术水平，接受长期的训练和考核，加入组织时要宣誓永不泄露学派的秘密和学说，严格遵守学派的清规戒律，同时通过一系列神秘的宗教仪式，以求达到"心灵的净化"。由于和政治结合在一起，毕达哥拉斯学派曾在克罗托内掌权约20年，其影响达到整个南意大利、甚至西西里岛，但他遭到两股政治力量的反对。在公元前5世纪初和公元5世纪中叶前后受到两次严重的打击。据亚里士多德的记载，毕达哥拉斯本人预感到以摩隆为代表的上层贵族会发动政变，就事先逃到另一城邦梅塔蓬图，后来他竟饿死在那里的一座文艺女神缪斯的神庙中。

毕达哥拉斯本人没有留下著作，学派的学术创造只在内部练习，对外则是秘而不宣的。所以早期只有少数成果流传于世。后来学派的组织逐渐分散，放弃了保密的信条，他们的成果才逐渐为较多的人们所知。

与泰利士把水、泰利士的学生安纳克西曼德把"不定型"作为万物的始基不同，毕达哥拉斯认为抽象的数是万物的始基（不过这个"数"只是我们今天的正整数，至于其他的数都是正整数的比，是从正整数派生出来的）。它先于可感知的万物，万物以数为模型，是模仿数派生出来的，没有数就不会有任何一种东西存在。任何一种东西之所以能够被认识，就在于它包含有一种数。数可以脱离其他事物而存在，也可以脱离其他事物而被认识，但不认识数就不能真正认识万事万物。所以毕达哥拉斯学派非常崇拜数，十分注意事物中量的关系。当然，要脱离具体事物而认识数是虚妄的梦想。所以毕达哥拉斯学派对数的认识是唯心的、先验的，他们不可能真正认识数的本质，只能在研究具体问题时把其中的数量关系归结于他们关于数的神秘信条；因此，当他们发现不可公度时，就惊慌失措了。

毕达哥拉斯学派基于数是万物本原的信条，把所有学习课程分为四大部分：1.数的绝对理论——算术；2.数的应用——音乐；3.静止的量——几何；4.运动的量——天文。合起来叫做"四道"或"四艺"，这和中国古代儒家以礼、乐、射、御、书、数为"六艺"之说有些相似。

据扬布里可记载，有一次，毕达哥拉斯经过一家铁匠铺，听到铁匠打铁的叮叮当当的声音，发现有时有两个音非常和谐，善于思考的他马上意识到这里存在什么奥秘。于是他比较了不同重量的铁锤敲打时发出的谐音的比例关系，进而又测定了各种音调的数学关系。后来，他在琴弦上做进一步的试验，找出了八度、五度和四度音程的关系。他发现如果一根拉紧的弦弹出一个音（例如do），那么它的一半长度弹出的音比刚才的音高八度，它的2/3弹出一个高五度的音。这几个音是谐和（调和）音，一起弹出来时就非常悦耳。把弦的长度1/2，1/3，1这3个数取其倒数时便得到2，3/2，1，它们显然成等差数列，那么弦长组成的数列就被叫做调和数列。这就是调和数列一词的起源。毕达哥拉斯研究了音程在什么情况下和谐，什么情况下不和谐。他把音程归结于数，因为音程在于一个量与另一个量的比较。毕达哥拉斯关于音律的研究具有重大的历史意义，被有的物理学史家认为是"物理定律的第一次数学公式表示，完全可以认为是今天所谓理论物理发展的第一步。"

毕达哥拉斯学派认为10是最完美的数，它由1、2、3、4这前4个自然数组成。而1代表点，2代表线，3代表三角形，4代表四面体。1是最基本的，所以他们认为数产生出点，点产生出线，从线产生出平面图形，从平面图形又产生出立体图形。而从立体又产生出可感觉的4种元素水、火、土、空气。这4种元素以各种不同的方式互相转化，于是产生出我们这个有生命的世界的万事万物。毕达哥拉斯学派认为圆和球是最完美的形体，所以他们认为日、月和五星及其他天体都呈球状，悬浮在太空中，它们运行的轨迹也是圆形的。毕达哥拉斯原来认为地球是宇宙的中心，但他的门徒后来放弃了这一主张，而认为地球围绕"中心火"旋转。他们认为数10是最完美的，宇宙总是按照最美的方式构成，所以宇宙中的天体必然是10个。但中心大，加上地球、日、月、五星（金星、木星、水星、火星、土星）才9个，于是他们设想有10个天体"对地"存在着，这样就正好凑足10个天体。由于地球人居住的半球是面向中心火和对地的相反方向，所以人类永远也看不到这两个星体。不过，有些毕达哥拉斯学派的成员放弃了存在中心火和对地的假说，把它直接理解为地球或太阳。

如果一个自然数等于它本身以外的所有因子之和，如$6=1+2+3$，$28=1+2+4+7+14$等等，那么这个数叫做完全数。完全数的存在是毕达哥拉斯学派的重大贡献。在欧几里得《几何原本》中，有这样一个定理：如果$1+2+2^2+2^3+\cdots+2^n$是素数，那么2^n

$(1+2+2^2+\cdots+2^n)$ 是完全数。显然，2^n（$1+2+2^2+\cdots$ $+2^n$）除本身外的所有因子 1，2，2^2，$\cdots$，2^n；（$1+2+2^2+\cdots+2^n$），2（$1+2+2^2+\cdots+2^n$），$\cdots$，2^{n-1}（$1+2+2^2+\cdots+2^n$），它们的和为 $\sum\limits_{i=0}^{n}2^i$ +（$\sum\limits_{i=0}^{n}2^i$）（$1+2+\cdots+2^{n-1}$）=（$\sum\limits_{i=0}^{n}2^i$）（$1+2^n-1$）=2^n（$\sum\limits_{i=0}^{n}2^i$）。因此 2^n（$1+2+\cdots+2^{n-1}$）确是完全数。这里用到了等差数列求和公式 $1+2+\cdots+2^{n-1}=2^n-1$，而它却早已出现在毕达哥拉斯学派的著作中，因此有人推测毕达哥拉斯可能已经知道：当 2^n-1 为素数时，2^{n-1}（2^n-1）是完全数。活动于公元100年前后的尼科马霍斯给出了4个完全数6，28，496，8128，它们都满足上述性质，他指出这是完全数的一般性规律。18世纪的瑞士大数学家欧拉证明每一个偶完全数 n 都具有形式 $n=2^{p-1}$（2^p-1），这里 p 和 2^p-1 均为素数。有关完全数的问题很多，有的至今没有得到彻底解决，如是否存在无穷多个偶完全数，是否存在奇完全数，等等。

亲和数是毕达哥拉斯另一发现。284除它自身之外的所有因子之和为220，而220除它自身之外的所有因子之和又是284，这样一对数叫做亲和数。毕达哥拉斯认为亲和数象征着友谊。当别人问"朋友是什么"时，他回答说："另一个自我。"亲和数不大好找，第2对亲和数直到17世纪的费马才找到，这就是17296和18416。1750年，欧拉写出了60余对亲和数（包括以前已知的）。现在已知的亲和数已达千对以上。

形数是毕达哥拉斯学派的又一重要贡献。他用点代表1，组成多种图形。如图1,3,6组成的点数叫三角形数，第1个为1，第2个为1+2=3，第3个为1+2+3=6，第N个为$1+2+3+\cdots+n=\sum_{i=1}^{n}i=\frac{1}{2}n（2n-1）$。

而正方形数，即平方数，它们分别是1，2^2，3^2，$\cdots$，$n^2\cdots$。

有趣的是，当我们用曲尺形按不同的方式分隔的时

候，便得到不同的求和式。如第1个曲尺形围的点数为1，第1、2两个曲尺形之间围的点数为3，…第（$n-1$）个和n个曲尺形之间的点数为（$2n-1$），它们的和显然是n^2，于是有$1+3+5+\cdots+（2n-1）=n^2$。当曲尺形放在偶数的周围时，围出的点数分别是2，4，6，8，…$2n$，再加上最外没有围上的点数（$n+1$），便得到全部点数（$n+1$）^{2}，于是有$2+4+6+\cdots+2n+（n+1）=（n+1）^2$。

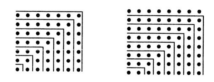

毕达哥拉斯学派最为脍炙人口的贡献是勾股定理，以至西方世界一直把它称为毕达哥拉斯定理。一般认为，他们的发现是：在直角三角形的斜边上所作的正方形等于在两条直角边上所作的正方形之和。这里所谓相等是说直角边上的两个正方形通过割开重新拼补，可以得到斜边上的正方形。设a，b，c分别是直角三角形ABC的三条边，以（$a+b$）为边作正方形，它由AB上的正方形加4个△ABC组成。还可以看出，大正方形由AC和BC上的正方形I、II加上两个矩形组成，而这两个矩形正好是4个直角三角形ABC，于是I+II=III。这是对毕达哥拉斯如何证明这个定理的一种推测，原来的证明方法已经失传了。

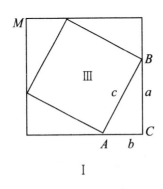
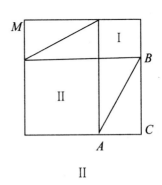

I   II

现在的资料表明，早在公元前1700年左右巴比伦就已经知道了勾股定理，比毕达哥拉斯早了1000多年。由于毕氏本人去过巴比伦，有人推测他是从巴比伦人那里学来的。不过，传说毕达哥拉斯学派把勾股定理作为他们的伟大成就，并宰了一头牛来祭神（有人认为这不可信，因为他们反对以动物作为牺牲的），从这欣喜若狂的情况看，也许是毕达哥拉斯学派重新发现了这个定理，或者至少是找到了证明的方法。中国人对这个定理有自己独特的贡献。公元前1

000多年的商高就知道了勾三股四弦五的特例，后来陈子又指出勾平方与股平方之和开平方后得到弦，这便是今天中学教材中勾股定理的表达方式，由于陈子的年代难以确认（有人认为在公元前六七世纪），我们把它称为勾股定理是比较合适的。

在数学史上，最让人伤脑筋的事情之一是不可公度的发现。不过，由于年代久远，他们是怎样获得这一发现的事迹都已难确认，流传至今的说法很多，比较流行的一种是：用辗转相截的方法寻求正方形的边与对角线的公度（边和对角线都等于公度的整数倍），结果发现根本不存在这种公度：

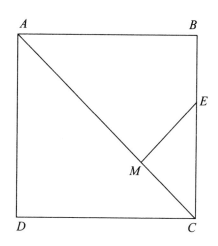

若 AC 是正方形 $ABCD$ 的一条对角线，现在要求 AC 与边 AB 的公度。先在 AC 上截取 $AM=AB$，作 EM 垂直 AC 于 M，交 BC 于 E，显然 $CM=ME=BE$。 AC 截去等于 AB 的一段 AM 之后余下的一段为 CM， $CM<CE<BC=AB$。现在在 ABC 上截取一段等于 CM，因 $AB=BC$，故在 BC 上截取。因 $CM=ME=BE$，故 BC 上截去等于 CM 的一段之后余下部分为 CE。CE 正好是以 CM 为边的正方形之对角线，于是情况又和开始从 AC 上截取等于 AB 的一段完全一样，以下的步骤只是重复上述的手续而已。这样，这种程序就永远不会完结，而如果有公度则会在有限步骤之后完结，所以 AC 和 AB 必然不存在公度。

不可公度的发现表明有的量不能用整数或分数来表示，这与毕达哥拉斯学派"万物皆数"的教条相矛盾，致使他们惶恐不安。由于找不到消除这种矛盾的办法，他们就企图通过保密来掩盖这事实。但这种掩耳盗铃的做法当然无济于事，不可公度的事还是传了出去。毕达哥拉斯学派讨论比和比例问题，只限于可公度的量，对不可公度是回避的，后来欧多克索通过探索，建立了通用于可公度量和不可公度量两种情形的比例理论，在很大程度上去掉了数学家们的一块心病。

毕达哥拉斯学派把一切发明都归功于学派的领袖人物，而且对外保密，这在一定意义妨碍了科学的传播与发展。由于与宗教、政治纠缠在一起，毕达哥拉斯学派具有相当浓厚的神秘主义和唯心主义色彩。尽管如此，他们承认并强调数学对象的抽象性，在证明命题方面作出了重大推进，强调数形结合，对数学的发展作出了重大贡献，使数学逐渐成为一门独立的学科，这的确是功不可没的。

2000多年来的三大难题

　　谈到数学，人们往往首先想到各式各样的难题，著名的数学家陈景润就因为对哥德巴赫猜想这个世界难题的解决起了重大的推进作用而名扬四海。不过，吸引参加人数最多的难题恐怕要数几何作图的三大难题了。在公元前5世纪，就有人试图求解这种难题了。虽然人们不可能解决这三大作图难题，但寻求对它们的解决无疑推动了数学的发展，这就是难题的魅力所在，也是难题的价值所在。

　　几何作图的三大难题是：1.化圆为方——求作一

个正方形，使其面积和一已知圆相等；2.三等分任意角；3.二倍立方体——求作一立方体，使其体积等于一已知立方体的二倍。关于二倍方立体问题，据说与一神话有关：爱琴海南部有一个小岛德洛斯遭到了鼠疫的袭击，疫病夺走了很多人的生命，并随时威胁着尚未染上鼠疫的健康人。人们想尽各种办法，也未能阻止鼠疫的继续蔓延。正在不知所措、濒于绝望时，有一位先知者出现了，他声称得到了神的谕示，有一条途径可以禳灾。人们急切地问他是什么办法，他说建造一个新的立方形祭坛，使它的体积为原立方形祭坛的2倍，在此祭坛上祭神，瘟疫就可以停息。于是大家找到建筑师，要求他马上兴建。可是建筑犯难了，因为他不知怎样才能使祭坛的体积加倍。全岛的人都去想办法，但都没有找到办法。于是有人提议去请教大哲学家柏拉图（Plato，前427—前347）。柏拉图说：神的真正意图并不是要把祭坛的体积加倍，而是要让希腊人为忽视几何学而感到羞愧。

　　这三大难题之所以难，就难在作图工具限制在直尺和圆规的范围内。所谓直尺，就是没有刻度、只能画直线的尺。限制只用直尺、圆规作图，实际是强调用最少的基本假设，得出最强的结论。这种限制的关键在于在基本假设的前提下揭示作图的可能性和操作步骤，至于实际的图形，由于画出的点线总是有一定大小和宽度，也许用别的工具反而可以画出更精确的图来。

在古希腊，有一个巧辩学派，他们以教授学生雄辩术、修辞学、文法、逻辑、数学和天文等学科为职业。巧辩学派的学者很多都致力于用数学来揭示宇宙运行的奥秘的研究，而其中不少人对几何作图的三大难题情有独钟，虽然没能解决，却获得了很多副产品。

不过，米利都学派的安纳克萨哥拉（Anaxagoras，前500—前428）才是最早研究化圆为方问题的学者。他一心追求科学，而无心去照管自己相当数量的财富。有这么一个故事，有位农夫带给安纳克萨哥拉的朋友、著名政治家伯里克利一个前额长着一只角的公羊头，预言家朗彭把这解释为伯里克利和修昔底德（当时的贵族领袖，不是著有《伯罗奔尼撒战争史》的同名历史学家）争夺最高权力的斗争，谁获得胜利谁就得到公羊头。可安纳克萨哥拉却打开了公羊头，并做了一篇关于解剖学的简短讲演，解释了产生畸形的种种原因。这种书呆子式的举动，表现了他对当时流行的预言反感和反对迷信的立场，也是回避尖锐政治问题的一种处理方法，尤其表现了他热爱科学、献身科学的忠贞不渝的崇高精神。尽管安纳克萨哥拉与世无争，但伯里克利在政治上失利时，安纳克萨哥拉还是受到牵连。他被指责为对神大不敬，因为他主张太阳是一大块红热的石头，月球则是泥土，本身不发光，月球的光亮来自太阳。他被投进监狱，罚款并流放，还差点被处死。在监狱里他还潜心研究化圆为方的问题，可惜他的成果没有流传下来，我们无法知道他的工作进展。

安提丰（Antiphon，活动于公元前5世纪下半叶）是巧辩学派早期的成员，他研究了化圆为方的问题，采用了所谓"穷竭法"。他先作圆的内接正方形，然后顺次连接正方形顶点及各边上的弧的中点，得到一个内接正八边形，如此将边数加倍，得到正十六边形，正三十二边形……。他认为不断地继续下去，最后会得到一个正多边形，它的边与圆重合，圆与多边形的差被穷竭了。安提丰以为既然圆转化为了一个多边形，而多边形可以通过作图作出一个面积与它相等的正方形，于是圆就可以化为正方形了。安提丰的这种化圆为方的方法实际存在很大问题，因为最后得到的多边形到底每边是直的还是弯的，是一点还是有一定长度的线段，这很难解释清楚，而且即使承认有这样的多边形，要化圆为方也不能在有限的步骤里达到，所以这种处理受到强烈的攻击，亚里士多德还认为这简直不值得一提。不过，安提丰的方法开了穷竭法的先河，公元前4世纪的欧多克索正是改造、校正安提丰的方法而创立成熟的穷竭法的。

研究作图三大难题很有贡献的还有一位天真而愚拙的数学家，他就是出生于俄斯的希波克拉底（Hippocrates of chios，约活动于公元前5世纪下半叶）。希波克拉底与泰利士一样，也经过商。不过，与泰利士的机灵、精明相反，他却显得愚钝天真，容易轻信别人，时常上当受骗。据说，有一次在拜占庭（今土耳其的伊斯坦布尔）经商时，收税人利用他的愚憨骗去了他一大笔钱。还有一次，他经商时落入了海盗之手，财产丧失殆尽。于是他去雅典控告海盗，以图挽回损失。可是这位商人实在对商业天生没有兴趣，他反而经常跑到学园听课去了。他仔细钻研几何学，十分入迷，不过，在数学方面，希波克拉底却和泰利士一样聪明，他能很快学到大量高难的几何学知识，寻求解决难题的有效方法。据说，希波克拉底在毕达哥拉斯学派昌盛时期从那里学到不少东西，并与西奥多罗斯泄露了他们的几何秘密，使很多几何知识得到广泛的传播，从而推动了数学的发展。

希波克拉底认真研究了化圆为方的问题，虽然没能真正解决，却得出了很多有趣的结果。如其中简单的结论有：

1.等腰直角三角形ABC的AC边上的半圆与它的外接半圆所围成的月牙形的面积等于△ABC的$\pi-1$倍。

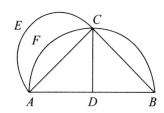

2.半圆弦*CEFD*被平分为相等的三段*CME*，*ENF*，*FOD*，以弦*CE*、*EF*、*FD*为直径向外各作一个半圆那么月牙形*CGEM*、*EHNF*、*FKDO*的面积之和加上一个半圆*CGE*的面积，便等于梯形*CEFD*的面积。

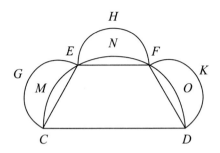

3.△*ABC*是半圆的内接等腰直角三角形，弓形*AMB*与弓形*ANC*相似，那么月牙形*ACBM*与等腰三角形*ABC*的面积相等。希波克拉底通过设计月牙形把某些特殊情况下的圆之一部分化为方形，体现了很高的几何学才能。

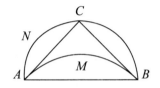

　　二倍立方体问题是希波克拉底研究后才有一定进展的。他将这个问题转化为求两条已知线段的两个连续的比例中项：设 a,b 是两条已知线段，x,y 为 a,b 之间的二连续比例中项，即 $A:x=x:y=y:b$，$a^3:x^3=a:b$（这是因为：令 $a:x=t$，$a^3:x^3=t^3=\dfrac{a}{x}\dfrac{x}{y}\dfrac{y}{b}=a:b$）。如果 $B=2A$，那么 $x^3=2A^3$。这样，要求作体积为已知边长 A 的立方形的二倍的立方体，只要求出 A 和 $2A$ 的比例中项 x 和 y 就可以了。由于要作出这样的比例中项也绝非易事，希波克拉底根本不可能解决，所以二倍立方体问题还是悬而未决。不过，希波克拉底的工作却为后来门内劳斯发现圆锥曲线铺设了道路。

　　巧辩学派希皮亚斯（Hippias of Elis，约活动于公元前400年前后）在研究三等分任意角时发现一种新的曲线——割圆曲线，稍后的狄诺斯特拉托斯（Pinostratus，前4世纪）则对此进行了更细致的研究。割圆曲线是这样形成的：设 AB 绕 A 以匀速沿顺时针方向旋转到 AD 的位置，与此同时 BC 亦以匀速平移到 AD。设当 AB 转到 AD' 时 BC 正好移到 $B'C'$，以 E' 表示 AD' 与 $B'C'$ 的交点。那么 E' 的轨迹就是一条割圆曲线。如果这条曲线是已经作出的，就可以利用它来三等分任意锐角。令 ϕ 是任意锐角，将它移到 $\angle D'AD$ 的位置，角的一边角 AD' 交割圆的曲线于 E'，作 $E'H$ 垂直 AD 于 H，在 $E'H$ 上取一点 H'，使 $E'H'=2H'H$，过 H' 作平行 AD 的直线 $B''C''$，交割圆曲线于 L，那么 $\angle DAL=1/3\,\phi$。这样就可立即把 ϕ 三等分了。可是，由于割圆曲线不能用直尺与圆规作出，所以希皮亚斯的方法仍然没有把三等分任意角的问题解决。

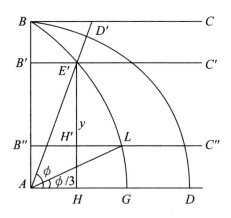

几何三大难题如果没有只许用直尺和圆规的限制还是不难解决的。如利用中国古代的矩（即现在

的曲尺，或称直角尺）代替古希腊的直尺，以这样求出A和$2A$之间的2个比例中项：$AB=2a$，$BC=a$，$AB \perp BC$。将两个矩的顶点分别放在CB、AB的延长线上，每矩各有一边分别过A、C，如此移动两矩，使得另一边重合，这时两矩顶点的位置分别为M、N。那么BN、BM就分别是a，$2a$的两个比例中项（这是因为$\triangle CBN \backsim \triangle NBM \backsim \triangle MBA$，于是$a:BN=BN:BM=MB:AB$）。

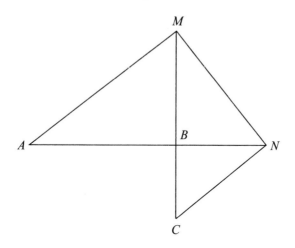

几何三大难题的彻底解决是在笛卡儿创立解析几何之后，许多几何问题转化成了代数问题。这样，对如何判定几何作图问题有解才有了标准。1837年，旺策尔（Pierre laurnet wantizel，1814—1848）证明了三等分任意角及二倍立方体不可能用直尺和圆规作图。1882年，林德曼（C.L.F.LiNDEMANN，1852—1939）证明了圆周率π为超越数，从而确定了化圆为方作图的不可能性。这样，2000多年来的千古难题才终于彻底得到解决。

现在有很多人仍在研究几何三大作图难题，有的是不知道这三大难题不可能作图，有的虽然知道但仍异想天开，固执地相信自己有可能作出图来，白白地浪费了很多精力，是很可惜的。事实上，那些宣称自己已解决三大难题或其中一两个的人，都突破了直尺和圆规的限制，只要自己带着批判的眼光就可以把问题的症结找到。至于从研究几何三大难题产生副产品的角度来看，它们也不值得再花精力去研究，因为数学的发展很快，这些问题早已不再是科学研究的前沿问题了。

难以驳倒的奇谈怪论

  大家都听过龟兔赛跑的故事吧。一只兔子和一只乌龟比赛，看谁先跑到一棵树下。兔一马当先，把乌龟远远地抛在后面。它回头看看，发现乌龟还在离出发点不远的地方慢悠悠地爬呀爬，心想：这还犯得着跟它赛吗？等我睡个大觉醒来它都还没走几步呢！于是兔子得意地倒头便睡。这一睡可睡过头了。乌龟虽慢，但一鼓作气坚持到底，一个时辰过去，它终于跑到了终点，这时兔子才醒来，却为时已晚了。龟兔赛跑的故事告诉人们：凡事要有恒心，坚持不懈，不能骄傲自满。至于兔子一定能跑过乌龟，谁都不会认为有问题的。可是有人却偏要说古希腊最善跑步的猛将阿基里竟永远也追不上乌龟。为什么呢？这不是胡说八道吗？我们可以对他的观点嗤之以鼻，可我们不能随便说他胡说八道。你看，人家还是很振振有词的：

当阿基里追到乌龟的起跑点时，乌龟也已经向前走了一小段路了，阿基里又必须先追过这段路程，可当他走过这段路程时，乌龟又向前走了一段路程了。这样，阿基里追乌龟虽然越追越近，却永远也追不上它！

是谁作此奇谈怪论？是芝诺（Zeno of Elea，前490—425）。他出生于意大利半岛南部的埃利亚，是埃利亚学派的奠基人巴门尼德的朋友和学生。巴门尼德吸收了埃利亚学派的先驱色诺芬尼的"不动的一"，抛弃了"唯一的神"提出了一套论证方法，为埃利亚学派的存在论哲学奠定了基础，但他仍要依靠正义女神、命运女神之类来支持他的论证。而芝诺却依靠纯粹的逻辑推论来维护学派的学说，对哲学、逻辑和自然科学产生了积极的影响。后来，芝诺可能由于蓄谋反对埃利亚（一说叙拉古）的僭主而被拘捕、拷打,最后被杀害了。

芝诺以悖论擅名。所谓悖论，是指自相矛盾的命题：如果承认这个命题，就可以推出它的否命题；反之，如果承认它的否命题，又可以推出原来的命题。悖论的提出，使人类更深刻地认识到思维领域、哲学领域里的矛盾，对人类认识的深化具有重要的意义。芝诺以捍卫埃利亚学派的存在论学说为己任，从"多"和运动的假设出发，一共推出了40多个不同的悖论。由于文献缺失，这些悖论大多失传了。现存的悖论中关于运动的4个悖论尤为著名，上述阿基里追龟说的就是其中之一。另外3个是二分说、巨矢不动说和运动场悖论。

二分说是讲的运动不存在，因为运动的事物在到达目的地之前必须先抵达一半的距离。按小伯内特（Burnet）的解释，在你走完全程之前必须先走过它的一半，而在走过这一半之前又必须走过这一半之半，如此直至无穷，在有限的时间不能通过无限个点，所以运动是不存在的。

巨矢不动说是："如果箭飞动，它从一处移到另外一处，它在飞动的过程中的每个时刻都占有一个空间，这时它是不动的。因为任何事物，当它是在一个和自己大小相同的空间里时，它没有越出这个空间，所以它是静止的。"

运动场悖论是：跑道上有两排物体，大小和数目都分别相同，一排从终点排列到中间点，另一排从中间点排列到起点，它们以相同的速度沿相反方向运动。由此芝诺得出这样的结论：一半时间等于整个的时间。A、B、C代表大小相同的物体。AAAA为一排静止物体，BBBB和CCCC分别代表以相同速度做相反方向运动的物体。第一个B到达最末一个C的同时，第一个C也达到最末一个B。此时第一个C已经过了所有B，而第一个B只经过了所有A中的一半。因为经过每个物体的时间相同，因而一半时间等于整个时间。

$$
\begin{array}{ll}
A\ A\ A\ A & A\ A\ A\ A \\
B\ B\ B\ B \longrightarrow & B\ B\ B\ B \longrightarrow \\
\longleftarrow C\ C\ C\ C & \longleftarrow C\ C\ C\ C
\end{array}
$$

　　对芝诺的悖论，亚里士多德很不以为然。如关于运动场悖论，他说："这里的错误在于他把一个运动物体经过另一运动物体所花的时间，等同于以相同速度经过相同大小的静止物体所花的时间。事实上两者是不相等的。"这个悖论揭露了运动相对性被忽视时产生的矛盾。亚里士多德正确地指出阿基里追龟悖论可以归结为二分说：阿基里在到达乌龟的起跑点之前，必须先走过这段距离的一半，而在走过这一半之前，必须先走过这一半的一半，即原距离的1/4，等等，这样也就必须在有限的时间之内走过无限个点，而这与芝诺采用的前提相矛盾，可是阿基里简直不能动弹了。亚里士多德认为只要放弃芝诺认为一个事物不能在有限的时间内经过无限的点的主张，矛盾就解决了。他认为时间本身分起来也是无限的，因而有限时间之内经过无限的点也是可能的。对于巨矢不动说，亚里士多德批驳道：如果不把时间看成是由"现在"组成，就不会出现这么荒谬的结论。由于当时关于运动的概念、关于连续和无限的性质没有认识清楚，亚里士多德的批语并不十分中肯。芝诺悖论的出现给哲学家和科学家提出了很尖锐的问题，很可能对希腊数学更严格地注重逻辑推理产生了影响。芝诺的悖论后来被一大批哲学家讥为诡辩，芝诺本人则被认为是一个聪明的骗子。19世纪下半叶以来，一些学者重新审视芝诺，发现芝诺的悖论深刻地揭示了无限、连续等要领中存在的矛盾，从而恢复了他在哲学和数学两方面所应具有的崇高地位和荣誉。

不懂几何者免入

在数学史上，有一位并非杰出数学家的哲学家对数学的发展作出了巨大的贡献。他就是柏拉图（Plato，前427—前434）。

柏拉图的父母都是名门望族，雅典最后一个皇帝考德拉（Codrus）就是他的祖先。他的母亲是大改革家梭伦（Solon）的后裔。柏拉图的父亲亚里斯顿（Ariston）是政治家伯里克利（PEriClEs）的拥护者，可是还在柏拉图幼年时他就去世了。母亲再嫁给皮里兰佩斯（Pyrilampes）。皮里兰佩斯是伯里克利的亲密助手，曾作为雅典的使节出使波斯等国，也算是国家要人了。他对待柏拉图兄弟姐妹很好，使他们受到了良好的教育。柏拉图曾参加骑兵军事训练，长于运动、绘画、音乐、写作、哲学、科学，无所不能。青年时代的柏拉图热心于政治活动，但幼年时代就已认识的大哲学家苏格拉底的思想仍对他产生越来越大的影响。公元前399年，苏格拉底被曾经戴有光荣桂冠的雅典"民主法庭"判处死刑，被迫喝毒药结束自己的生命。此事震动了柏拉图，从此他再无意踏入政界，而专事介绍苏格拉底的学说。

苏格拉底死后，柏拉图和苏的几个门徒到麦加拉避难。此后又去过西西里岛、意大利南部和埃及等地。在意大利，他对毕达哥拉斯学派有了很多了解，并和该学派的重要成员阿尔哥塔斯（Archytus，活动于公元4世纪上半叶）结为莫逆之交。据说后来叙拉古的统治者小狄奥尼西奥斯（Dionysius，the Younger，公元前367年在位）要治柏拉图的罪，是阿尔哥塔斯写信挽救了他的生命。这时，他还结识了叙拉古的暴君狄奥尼西奥斯一世（Dionysicus the

Elder，前432—前367）的内弟第昂（Dion），并结为至交。柏拉图因此受到宫廷的邀请。这位君主虽有才能，但十分庸俗。结果两人发生了很不愉快的争吵。柏拉图被这位暴君交给了斯巴达的使节，斯巴达的使节把柏拉图送到伊基那的奴隶市场上出卖，幸好有位朋友认出了他，把他买了，送他回了家。否则历史就会少了这么一位伟大的哲学家，不知会对后来的哲学和科学造成多大的不良影响呢！

公元前387年，柏拉图在雅典城外利用自己的一所房子和花园开办了一所学校。由于临近海加德木斯（Hecademus）运动场，他把学校命名为亚加德米（Academy，学园）。又新建了一些房子，一个饭厅，和一个艺术女神礼堂。授课采用苏格拉底的问答式方法，和学生亲切交谈，一问一答。有时也正式讲课，这个学园的课程有算术、几何、声学等专门学科，以训练学生用智慧来独立思考。虽然学园是带有政治性的学校，但并不只注重哲学、政治和法律方面的训练，而是着重人的思维能力的培养。而思维能力的培养，柏拉图认为莫过研习几何学。因此，他特别强调几何学的重要性，在学园门口大书一句校训：
"不懂几何者免入！"

在经营这个学园约20年后，暴君狄奥尼西奥斯于公元前367年死了，他的儿子小狄奥尼西奥斯继位。这个年轻的君主求教于他的舅父第昂。第昂把柏拉图介绍给国王，柏拉图可能认为这是一个把自己的学说付诸实现的好机会，便接受小国王的邀请，当起国王的老师来。事情刚开始很顺利，朝廷里居然盛行起学习数学的风气。但有不少人在国王面前说第昂和柏拉图的坏话，国王便有些怀疑他的舅父，把他放逐到了国外，但对柏拉图仍然很敬重。柏拉图这时已经厌恶在宫廷里任事，很想离开，但国王留着不让他走。后来发生了一次战争，国王不得不中断他的学习，便允许柏拉图离开，但要求柏拉图等战争一结束就一定回来。柏拉图答应了，但要求能让第昂回来。

柏拉图在学园度过了5年后，国王又邀请他回去，但不允许第昂回国。柏拉图本不想答应，但第昂想和国王和解而极力怂恿他去，而且柏拉图听说国王已经倾心学问，在战争期间还利用空隙研修数学，便燃起了他把国王教成哲学王的希望，于是柏拉图又回到了叙拉古。柏拉图到达后便又极力劝国王和第昂和好，国王很愤怒，不仅没有答应，反而干脆没收了第昂的财产。柏拉图非常失望，打算回家，国王又不允许。两人争吵起来，柏拉图不仅没被重用，反而被软禁在御花园里，一年之后才放他回家。

柏拉图回到了雅典，重操数学和研究的旧业。第昂在柏拉图的学园里招集一班人，谋划攻夺叙拉古。这次征战很顺利，国王逃往意大利，第昂掌握了政权。但不久他被一个从学园同来的人刺杀。那人勉强在位一年，又被别人推翻。此事损害了学园的声誉，令柏拉图十分伤心。公元前347年，据说有一天柏拉图去参加一个朋友的婚宴，忽然感到有点不舒服，便退到屋子一个角落，没多会儿，便平静地去世了，享年80岁。

柏拉图是大哲学家，他在数学上的贡献不在于他发现了多少定理，而在于他对数学的提倡和对数学哲学方面的探讨。这些对古希腊数学的发展产生了深远的影响。在他的学园里，数学作为一门不可或缺的学科受到极大的强调。由于他的强调，数学受到空前的重视，研习数学成为一种风尚。这样，在公元前4世纪，柏拉图的学园里产生了一大批卓有成就的数学家。其中泰托斯研究了一般的二次或二次以上的不尽根，并讨论了一些有关性质；证明了5种正多面体外不可能有其他正多面体。欧多克奈创立了可处理可公度量及不可公度量的比例理论；建立了可严格证明几何定理、回避无限过程的严整的"穷竭法"。而欧多克索的学生门内劳斯在研究二倍立方体作图问题中发现了圆锥曲线。至于今天家喻户晓的欧几里得，早年也在柏拉图的学园攻读过几何学。

柏拉图认为数学研究的对象是抽象的数和理想的图形，它们在理念世界和现象世界之间架起一座桥梁，它们是永恒不变的。他认为"算术有很伟大、很高尚的作用，它迫使灵魂就抽象的数进行推理"；而几何人"虽然利用各种可见的图形，并借此进行推理，但他实际思考的并不是这些图形，而是类似于这些图形的理想形象"。基于这样的认识，柏拉图认为应从任何人都知道的假设出发，以前后一致的方式推理，直至得出最后的结论。他强调几何作图的工具只能限制用直尺和圆规。据说当他听说欧多克索和阿尔哥塔斯应用机械工具来做几何图形时，就批评这样的做法"只能导致几何学的堕落，剥夺它的优点"。柏拉图有些偏激的思想对欧几里得演绎的公理体系几何学的形成无疑产生了相当的影响。

由于柏拉图的影响，古希腊的几何学逐渐进入它的黄金时代，硕果累累，独具特色。难怪美国数学史家波耶（C.B.Boyer）说："虽然柏拉图本人在数学方面没有特别杰出的学术成果，然而，他却是那个时代的数学活动的核心……，他对数学的满腔热忱让他赢得了'数学家缔造者'的美称。"

让希腊人摆脱不可公度魔影的欧多克索

　　毕达哥拉斯学派发现的不可公度，给该学派带来了恐慌，也使古希腊数学家和哲学家蒙受着魔鬼的阴影。他们试图建立可以处理不可公度量的方法，但收效不理想。直到公元前4世纪上半叶，有人终于建立了完善的比例理论，可以处理可公度与不可公度的任意情形，从而为数学的发展扫清了道路。他就是生于尼多斯的欧多克索（Eudoxus of Cnidus，前400—前

347）。

欧多克索出生于一个医生世家，年轻时就读于著名的尼多斯医科学校。之后去过意大利和西西里，向阿尔哥塔斯学习几何，并受他的影响而对数论和音乐产生了兴趣。又曾向医生菲力斯顿学习医学，后来进行了他第一次雅典之行，参加了柏拉图的讲演报告会，受到了大师的哲学熏陶。几年后他代表斯巴达国王和埃及法老进行了外交接触，还结交了一些高僧。他在那里观测了希腊土地上看不到的南天星座，考察了尼罗河的涨落，对当地的风土人情和神话传说也时时留意。他见闻广博，在天文数学、医学、地理学等诸多领域都有很深的造诣。

从埃及回来后，欧多克索在基齐库斯（今马耳马拉海南岸）创办了一所学校，培养了很多学生，声誉越来越高。公元前360年至前350年间，欧多克索曾带领一批学生到了雅典，和柏拉图学园建立了更为密切的关系。尼多斯建立民主政治体后，欧多克索应邀回国，为新的政权起草了必要的法典。他在家乡继续科研和教学，获得了崇高的荣誉。

　　欧多克索继承了把数限于有理数的观念，而用量概念来指不可公度的和可公度的两种量。他把此定义为两个量之间存在这样的关系：如果其中一个量增大若干倍后会大于另一个量，这样任意两个同类量之间都有比。然后，他定义了4个量的比例关系（详细情况见下一则对《几何原本》中卷V的介绍）。从这个定义出发，不要涉及两个量是否存在公度，就可以处理大量的命题。这样，欧多克索就可以通过演绎逻辑建立公理化的几何体系，促进了几何学在希腊的迅猛发展。虽然欧多克索关于比和比例的定义具有深刻的思想内容，是19世纪实数理论的滥觞，与戴德金分割在思想上是一致的，但戴德金分割是定义了无理数，而欧多克索则回避了无理数是否为数的问题，他的理论着重讨论几何量。因此，欧多克索对古希腊数学侧重几何而忽视代数研究的发展趋势产生了很大影响。

　　欧多克索创立了成熟的穷竭法（详见下节），从而为解决一些复杂的体积、面积问题提供了有力的工具。原子论的奠基人德谟克利特（Democritus，前460—前361）提出过两条定理，一是棱锥的体积是同底等高的棱柱体积的1/3，一是圆锥的体积等于同底等高的圆柱体积的1/3，但没有给出证明。据认为，欧多克索利用他的穷竭法，给出了这两个定理的严格证明。欧多克索的穷竭法也避免了无穷步骤的使用和不可分量在证明中的引入，因而能免遭安提丰方法所受的指责，而被作为合理的方法在古希腊得到广泛的采用。

欧多克索还研究了中东比（后人称为黄金分割）和二倍立方体等问题。他在研究中东比时应用了分析法。他曾用某种机械工具给出了二倍立方体的作图，但受到柏拉图的批评，因为这种作图越出了只限于直尺和圆规的工具限制。

欧多克索在天文学上有很突出的成就。他把球面几何应用于天文研究，提出了一个以地球为中心的同心球理论，这是天文理论数学化的一次有益尝试。欧多克索还编制了一本新型的天文历书，对西方的历法产生了一定影响。

欧多克索还著有《地球巡礼》7卷，是古代地理学方面的一本有相当分量的著作。

　　尽管欧多克索的著作除极少量残存外，绝大多数都已残缺不全，但由于在几何、天文和地理、医学、法律、哲学等诸多领域的大量贡献让他仍闻名于后世，特别是在数学方面，他被誉为"和柏拉图同时代的最杰出的数学家"。

几何无王者之道

　　我们今天一说到几何学，就马上想到欧几里得（Euclid，公元前300年前后活动于亚历山大）和他的《几何原本》。的确，由于欧几里得的《几何原本》总结了公元前3世纪以前古希腊数学的杰出成就，为以后西方数学的发展起了规范作用，以至20世纪以前欧几里得几乎成了几何学的同义语。可是，对于这位杰出的科学家的生平，我们却知之不多。据研究，欧几里得是托勒密一世（Ptolemy Soter，前367—前282，前323—前283年在位，建立了托勒密王朝）时代的人，早年求学于雅典，深知柏拉图的学说，可能他就是柏拉图学派的成员。他与托勒密有过交往，曾在亚历山大教过书。

欧几里得对学习讲求踏实的学风，反对投机取巧。据普罗克劳斯（Proclus，公元5世纪哲学家、科学家）记载：有一次托勒密王问欧几里得，除了《几何原本》以外，要学几何还有没有其他捷径可走。欧几里得直截了当地告诉他："几何无王者之道。"意思是说，学习几何学必须老老实实从基本的东西学起，循序渐进，哪怕是国王，也没有捷径可走。欧几里得不仅反对浮夸的学风，而且对实用主义很反感。据说有一次，一个学生在一开始学习第一个命题之后就问他，学了几何学之后将会得到什么实利。欧几里得听了很生气，招呼他的仆人，说："给他三个银币，因为他想从学习中获取实利哩！"《几何原本》正是欧几里得严谨学风和强调理论独立性的体现。

在欧几里得以前，古希腊学者已经积累了大量的数学命题，创立了直尺、圆规作图的形式，发明了完整的穷竭法，建立了成熟的逻辑理论，并出现了全面整理数学各方面知识的尝试性著作。欧几里得在前人工作的基础上，经过认真研究，精心安排，终于用严密的公理化演绎体系，把当时数学各个领域的知识有机地组织起来，撰成了《几何原本》这一宏伟巨著，成为数学史上的一座里程碑，对西方数学和思想产生了深远的影响。

现行标准本《几何原本》共13卷，包括了今天的平面几何、立体几何、比例、数论等方面的内容。而以几何居多，代数方面内容也多用几何方式来表达或处理。卷I首先给出23个定义。如：1.点是没有部分的；2.线只有长度而没有宽度，等等。之后是5条公设：头3条是关于作图的规定；第4条："凡直角都相等"；第5条："同一平面内一条直线与另两条直线相交，若在某一侧的两个内角（即同旁内角）之和小于二直角，则这二直线经过无限延长后在这一侧相交"。这条公设通常称作欧几里得第5公设或平行公设。公设之后是5条公理：如1.等于同量的量彼此相等；2.等量的等量其和仍相等；5.整体大于部分。以后的各卷不再具列公理。在欧氏此书中，公设是关于几何图形的基本规定，而公理则是关于量的基本规定。这种区分始于亚里士多德，但现代数学则不再分别而一律称为公理。

卷I在公理之后给出了48个命题。前3个是有关作图的，第4个："如果两个三角形有两边分别相等，而且这两组边所夹的角对应也相等。那么，它们的底边（即第三边）相等，两个三角形相等，而且其余的两角对应相等"。这里，欧几里得所说的两个三角形"相等"，是指全等，即它们可互相重合。命题5：等腰三角形两底角必相等，两底角的外角也相等。这个命题现在一般是先作顶角的平分线，把等腰三角形分成两个三角形，再证明这两个三角形全等后得出结论的。但在《几何原本》中作角平分线是命题9才解决的，这里还能用，欧几里得只用前4个命题及卷首的公理和公设来证明。其证法是：

如图，延长二腰 AB、AC 分别至 D、E（公设2），在 AD 上任取一点 B'，在 AE 上截取 $AC'=AB'$（命题3），连接 $B'C$、BC'（公设1）。然后用命题4证明 $\triangle AB'C \cong \triangle ABC'$，$\angle ABC'=\angle ACB'$，

$B'C=BC'$，$\angle BB'C=\angle CC'B$，再到用命题4得到 $\triangle BB'C\cong\triangle BC'C$，$\angle B'BC=\angle C'CB$，即二底角的外角相等，且 $\angle CBC'=\angle BCB'$，从 $\angle ABC'$ 和 $\angle ACB'$ 中分别减去它们，便得二底角 $\angle ABC=\angle ACB$（公理3）。

中世纪时期，欧洲数学水平低下，学生学到命题5时便觉得角、线很多，一时难于领会，因此这个命题被称为"驴桥"，意思是"笨蛋的难关"。

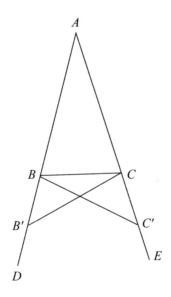

命题47、48分别是勾股定理"直角三角形斜边上

的正方形等于直角边上的两个正方形（之和）"，和它的逆定理。这里的相等不涉及长度和数的关系，而仍指拼补后重合的相等，欧儿里得用全等的方法来拼补，与今天教材中用相似来证明不同。

卷II首先给出矩形和拐尺形的定义，之后是14个命题，没有公设和公理。此卷用几何形式处理代数问题。一个数（或量）用一条线段表示，两数的积被看成以两条线段为长度边所构成的矩形，数的平方根则被视为对应于这个数的正方形之一边，如命题11：把已知线段分为两段，使它和其中一条所组成的矩形等于另一条上的正方形。这个命题可以用代数方法表述为：已知a，求$x-(a-x)$，使$ax=(a-x)^2$。这相当于求解方程$x^2-3ax+a^2=0$。这就是把线段分为中东比（或中外比）后来叫做"黄金分割"的命题。

命题12、13是三角学中的余弦定理：$c^2=a^2+b^2-2ab\cos C$。不过《几何原本》不用三角函数而是采用几何语言来表述。

卷III首先列出11条定义。如第3条：两圆相切就是它们彼此相遇但不相交，第11条：相似弓形是那些含有相等角的弓形，或者弦在它们上的角彼此相等。之后是37个命题，讨论圆、弦、切线、圆周角、内接多边形、弓形等问题。如命题35是：圆内两弦相交，其中一弦被交点所分成的两段形成的矩形等于被另一弦分成的两段组成的矩形。今天我们通常表述为：过圆同一点的两弦，被该点分成的二段之积相等。

卷III有7条定义16个命题。本卷讨论内接、外接等方面的作图。

卷V是比例论。此卷被认为是《几何原本》的最高成就。古希腊最早建立比例论的是毕达哥拉斯学派。随着不可公度的发现，希腊人认识到以前的比例论只适用于可公度的情形，而对不可公度的情形则无能为力。如果A、B是两个可公度量，即存在两个整数m，n，使得$mA=mB$，那么$\frac{A}{B}$＝就是一个数。当A、B不可公度时，希腊人不承认$\frac{A}{B}$（或$A:B$）是一个数。这样就很难建立适合于一切量的比例论。公元前4世纪的欧多克索经过认真研究，用公理法重新建立了比例理论，圆满地解决了这个问题。由于他的原著早已失传，欧多克索的思路和工作的原貌已经难以确知。

所幸《几何原本》采用了欧多克索的很多成果，使我们对他有所了解。《几何原本》卷V就主要取材于他的工作。

卷V首先给出了18个定义。第3、4两条把两个同类量之间的一种大小关系叫做比，把两个量中之一的若干倍能大于另一量叫做二量有比。第5、6条说：4个量a、b、c、d，对于任意的一对整数m，n，当ma大于、等于或小于nb时，必定同时出现mc分别大于、等于或小于nd的情形，那么称$a:b$与$c:d$具有相同比，或者说a、b、c、d是成比例的量。第7条定义了两个比的大小：对于4个量a、b、c、d，m、n是一对整数，若ma大于nb时，nc不大于nd，则称$a:b$大于$c:d$。比例的定义思想极为深刻，近代实数理论中的戴德金分割与此思想是一脉相承的。由于欧几里得不把比和数结合起来考察，因而没有出现两个比相加减或乘除的情形，这样，无理数理论的形成也就拖到2000多年之后了。

卷V包括了25个命题，讨论比和比例，但都用几何形式表达。

卷VI给出了相似、中外比等4个定义，之后列有33个命题。此卷是卷V比和比例理论在平面图形上的应用。

卷VII至IX是关于数论的内容。卷VII先给出22个定义。如1.一个单位是凭借它每个存在的事物都叫做一，2.一个数是由许多单位合成的，这样就把数限制在可公度的量的范围内。定义之后给出了89个命题，讨论了公约数，公倍数，数的比例，素数等方面的内容。其中命题1、2用辗转相除法求最大公约数；命题30：如果一个素数能除尽某个由二数相乘所得的积，则它必能除尽这二数中的一个，这是数论中经常用到一个重要定理；命题34是求二数最小公倍数的方法。

卷VIII介绍连比例、平面数、主体数的性质，共有27个命题。如命题22：如果三个数成连比例，且第一个是平方数，则第三个也是平方数。

卷IX也只是36个命题。其中命题14：如果某一数是能被一组素数所整除的数中的最小一个，则这一组素数以外的素数不能整除这个数。由此可知：一个整数的素因子分解具有唯一性，这就是算术基本定理。

命题20：预选任意给定几个素数，则存在这几个素数以外的素数。根据这个命题可以得出：素数的个数是无穷的。

命题36是数论中的一个著名定理，若1，2，2^2，…，2^n的和是素数，那么这个和与2^N之积是一个完全数。这我们在前面已经提到过。

卷X是《几何原本》中最大的一卷，约占全书的1/4。此卷将无理量分类讨论，共有16条定义和115个命题。一般说来，这里有些可公度量与今天的有理数还是同一的，但也有些不同。如当M不是平方数时，A为有理量（线段），A与$\sqrt{m}\,A$本来是不可公度的，《几何原本》认为$\sqrt{m}\,A$不是"线段可公度有理量"，但仍把它叫做"正方形可公度有理量"，意思是说A与用$\sqrt{m}\,A$为边所作的正方形是可公度的。

卷X的命题1是：对于两个不相等的量，如果由较大量中减去它本身之半，再由所余量中减去此余量之半，如此继续下去，必定在某个时候得到一个小于较小量的余量。这个命题是"穷竭法"的理论基础，和后面各卷有很密切的关系。欧几里得在证明这个命题时实际默认了阿基米德公理。

卷X对13类无理量给出各自的专门名称来论述。由于当时没有符号表示法，这种叙述非常困难。从今天的眼光看，这种分类没有什么意义，并没有对无理量的研究产生大的推进作用。

卷XI讲空间中的直线、平面、垂直、相交、平行、相似、立体角、柱体、锥体、球体、正多面体等，属于立体几何的范围，共有28条定义和39个命题。如命题38：正方体的一对底面的相对边被平分，又经过分点作平面，则这些平面的交线与正方体的对角线互相平分。

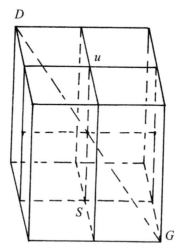

卷**XII**是穷竭法的应用。穷竭法肇始于安提丰，当时遭到不少抨击，直到后来欧多克索的改造与完善，才成为一种完备的方法。此卷没有定义，只包括18个命题。《几何原本》中对命题2的证明较能体现这种方法：*ABCD*和*EFGH*是两个圆，*BD*和*FH*分别是它们的直径。要证明两圆的比等于*BD*和*FH*上的正方形之比。

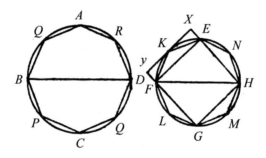

如果*BD*上的正方形比*FH*的正方形不同于两圆之比，那么这两个正方形之比等于圆*ABCD*与这样一个面积*S*之比；*S*要么大于圆*EFGH*，要么小于*EFGH*。

（1）如果*S*小于圆*EFGH*。

设正方形*EFGH*内接于圆*EFGH*，那么它大于圆面积之半，这是因为它是过正方形四顶点作圆切线后围成的正方形——圆的外切正方形的一半，而这个外切正方形大于圆面积。

设K、L、M、N分别是圆弧$\overset{\frown}{EF}$、$\overset{\frown}{FG}$、$\overset{\frown}{GH}$、$\overset{\frown}{HE}$之中点，那么△EKF、△FLG、△GMH、△HNE中任意一个都大于相应的弓形（如弓形EKF）之半。这是因为弓形都小于长方形$EXYF$。

然后平分弧$\overset{\frown}{EK}$、$\overset{\frown}{KF}$、$\overset{\frown}{FL}$、……，如此继续下去，可使得到的弓形之和小于圆$EFGH$与S之差（参见上面对卷X命题1的介绍）。不妨设圆的EK、KF、FL、LG、GM、MH、HN、NE上的弓形之和小于圆与S之差，那么多边形$EKFLGMHN$大于面积S。

作内接于圆$ABCD$的多边形$AOBPCQDR$相似于$EKFLGMHN$，那到BD上的正方形与FH上的正方形之比等于这两个多边形之比。因而这两个多边形之比也等于圆$ABCD$与S之比。由此可得圆$ABCD$比其内接多边形等于S比圆$EFGH$的内接多边形$EKFLGMHN$。

由于圆$ABCD$大于它的内接多边形，所以S也大于多边形$EKFLGMHN$，这与上面得到$EKFLGMHN$大于S的结论相矛盾，因此S小于圆$EFGH$的假设不成立。

（2）如果S大于圆$EFGH$

由逆比例，知*FH*上的正方形比*BD*上的正方形等于*S*比圆*ABCD*。所以*S*比圆*ABCD*等于圆*EFGH*比某个小于圆*ABCD*的面积*S′*，因则*FH*上的正方形比*BD*上的正方形也等于圆*EFGH*比面积*S′*。而这是不可能的，所以*S*不能大于圆*EFGH*。

综合（1）、（2），可知*S*既不能大于也不能小于圆*EFGH*，因则*BD*和*FH*上的正方形之比等于两圆之比。

穷竭法的精神是用双重归谬法把问题反证出来，它利用有限的程序回避了无限过程的使用，是古希腊数学的精华。

最后的一卷即卷*XIII*只含有18个命题，讨论了中东比的若干性质、球内接正多面体的作用，也有的问题比较独立。如命题9：圆内接正六边形的一边与内接正十边形的一边之和可以分成中外比，使得分成的二段就是这两边。即设*a*，*b*别是圆内接正六边形、正十边形的边，则$(a+b)b=a^2$。

《几何原本》为公理比演绎体系的数学树立了最早的成功典范。这是十分难能可贵的。虽然它也有这样或那样的缺点，如对点、线和面的定义就有些含糊不清，又如有的公理不是独立的，可以由别的公理推出，等等。但是，《几何原本》讲求用最少的公理、公设和定义通过演绎逻辑导出全部命题的思维，不仅对数学的发展产生了不可估量的影响，而且对西方世界注重实证的思想产生了巨大的影响。可以说西方所注重的科学精神，在《几何原本》中得到了相当充分的体现。

给我一个支点，
我将移动整个地球

在古希腊和科学家中，最富于传奇色彩的莫过于阿基米德了。由于阿基米德有科学家的智慧和专注，有发明家的机巧，又有爱国者的悲壮，他不仅受到当时人们的敬重和崇拜，也长期为后人所景仰，以至2000年来，人们仍不断传颂着关于他的动人故事。

阿基米德（Archineds，前287—前212）是叙拉古王海厄罗（Hiero II，前308—前216）的亲戚，与王子吉伦（Gelon，后继承王位）很友善，他的父亲菲迪亚斯（Phidias）是天文学家。

阿基米德很小就受到良好的教育。父亲的影响使他对几何学有浓厚的兴趣，并熟悉欧多克索的方法。他早年曾前往当时希腊的学术中心亚历山大，跟欧几里得的门徒学习，还掌握了欧几里得《几何原本》以外的很多知识。在那里，阿基米德结识了科农（Conon of Samos，活动于公元前245年前后）、多西修斯（Dosithueus，活动于前276—前195）等很多朋友。回到家乡叙拉古后，阿基米德仍和他们保持密切的联系并交流研究成果，阿基米德的很多成果往往在发表前都曾寄给他们。

金冠之迹是关于阿基米德的一个家喻户晓的故事。据维特鲁维厄斯（*Marcus Virruvius Pollio*，公元前1世纪上半叶至约公元前25年）说，叙拉古的海厄罗亚治国有方，政治威望及权势与日俱增，他为了报答诸神的恩泽，决定制作一个华贵的神龛，里面装一顶纯金的王冠，以奉献给神灵。

制造金冠的任务交给了一位技艺精湛的金匠，金匠领到金子后精心制作，如期完成了任务，王冠做得确实精美。国王对此很满意，正要重奖这位心灵手巧的金匠，不料这时有人告密说金匠欺骗了国王，他偷走了一部分金子，而以同样重量的银子掺入。国王听了很恼怒，想要重责金匠，又怕冤枉好人，因为他的确没有办法来判断金冠中是否掺假。这样，他想到了聪明才高的阿基米德，要他想个办法来鉴定金冠中是否掺有银子。阿基米德接受任务后即着手想办法，他想了想，试了试，虽然用了很多办法，却还是没能判定是否掺假。阿基米德为此事费了很多精神，非常苦恼，他觉得也许洗个澡后会清醒些，便跑到公共浴室去洗澡，心里还老挂记着这个难题。当他身体浸入盛满水的浴盆时，盆里的水一下溢了出来，而自己的身体顿觉重量减轻。阿基米德突然觉得眼前一亮，心里豁然开朗，猛地悟到不同材质的物体在重量相等的情况下，因其体积不同，则放入水中时排去的水必定不相等。根据这一道理，就不仅可以判断金冠是否掺有杂质，而且可以知道到底偷去了多少金子。这一发现使阿基米德欣喜若狂，他忘了自己是在公共浴室里洗澡，一下跳了起来，赤身裸体直往家里跑，准备回家马上做实验，嘴里不断地大呼"尤里卡！尤里卡"！

这样，阿基米德通过称出排出的水的重量的办法（关于具体操作，有不同的方法）终于判定金冠里掺有银子，从而揭穿了金匠的劣行。

"尤里卡"（EurEKA）是"我找到了"的意思，由于阿基米德的这个故事妇孺皆知，这个词也就成了西方世界的共同语言，表达突然获得某种发现时的惊呼。今天欧洲有一项科技发展计划，还取名叫"尤里卡计划"哩！

阿基米德又经过反复实验和认真研究，把经验提高到理论，他终于发现了这样一条原理：物体在流体中减轻的重量，等于它排开的流体的重量。这条原理后来称为阿基米德定律，它是流体静力学的基本原理。

虽然阿基米德神情专注地研究问题，但他并不是那种死读书的人。他常常结合理论和实际，发明一些有用的机械。

阿基米德研究杠杆平衡，他发现选取适当的支点可以用一个给定的力移动一个给定任意重量的物体，从而建立了杠杆原理，并讨论了平衡的各种情况。基于这种理论认识和数学证明，阿基米德声称"给我一个支点，我将移动地球！"虽然大家佩服阿基米德的才学，相信他的谦逊，但这句石破天惊的话让人们还是觉得玄乎。

叙拉古的国王海厄罗也有些怀疑，阿基米德说，按照他的论证，如果有另外一个地球，他跨过去就可以移动这一个。国王很震惊，但又没法验证他的话，因为没法找到另外一个地球。于是国王要求阿基米德把问题简化了，用一个很小的力来移动一个很重的物体，这样便也可以说明问题。

阿基米德从国王的器械库里选出了一艘有三根桅杆的大货船，让它装满游客和货物。然后他装好一个复杂的滑轮机械，自己在一个很远的地方端坐着。国王和群臣以及围观的群众逐渐安静下来，他们屏着呼吸，看着阿基米德。只见他平静地坐在那里，毫不费力地收拉着绳子，好像没事一样，悠闲自若。过了一会儿，人们还是看着像刚才一样，正在纳闷之际，突然听到船上的人欢呼起来，大家回头一看，只见这艘装满人货的大船平缓安全地移动起来。所有的人都欣喜若狂，人们高呼着阿基米德的名字，感谢上帝给叙拉古派来了一位具有如此智慧的伟人。

阿基米德很平静地站了起来，他邀请国王亲自试试。国王坐到阿基米德刚才的位置，按他的样子拉着绳子，果然很轻易地拉动了绳子，船也慢慢地移动着。国王这下完全信服了，他当即宣布："从今天起，不管阿基米德说什么，我全部相信！"

阿基米德能移动地球的豪言壮语体现了一个科学家的伟大胸怀和对科学精神的崇信。不过，这种能移动的说法只是在理论上讲能行得通，而实际上还是有问题的。首先，人要借助于地球才能使上力，如果要移动地球，不仅要找到一个强大的支点，而且还需要什么东西给人产生重力，这些在现实中都不可能存在。其次，不管是杠杆还是滑轮的绳子或支点，都没有能承受地球重量的强度。再者，即使上面的要求在理论上可以得到满足，要移动地球也不可能。有人估计，如果用杠杆来举起地球，假设用60千克的力加在动力臂一端，那么要移动地球1/100毫米，动力臂一端应移动10万亿千米以上，如果每天24小时不停地短跑走过这段距离，也至少需要3万年。因此，阿基米德即使用尽毕生的力量，也休想移动地球一分一毫。阿基米德这所以这样夸下海口，可能是因为他把地球的重量估计得太轻了。不过，从理论上讲，如果有一个支点支持有足够强度的杠杆，人又能使上劲，只要动力臂与阻力臂之比足够大，人还是可以移动地球的，例如人移动1米，地球就移动10^{-23}米，只是10^{-23}米在实际中完全不可计算了，因为它比一个原子的直径还小得多哩。

与一般只埋头于书斋里的学问的学究相比，阿基米德则不是一个不问时事的人。相反，他是一个伟大的爱国者。罗马名将马塞勒斯率领大军围攻叙拉古。罗马军队来势凶猛，志在必得，叙拉古危在旦夕。就在这生死存亡之际，阿基米德利用自己的天才智慧和丰富知识，发明了很多神秘莫测的武器，给来犯之敌以沉重的打击。

叙拉古地处地中海，罗马军队是从海上和陆地攻击叙拉古的。阿基米德发明了一种类似起重机的机械，从空中远远地伸出一只"巨手"，把靠近城墙的敌船抓起，吊在高空中，然后再放下，船只重重地摔下去，有的摔得粉碎，有的落入海底。马塞勒斯也不示弱，用8艘5层橹船，每两艘连锁在一起，在上面架起一种叫"萨姆布卡"的武器，准备强行攻城。可是没等敌船靠近，叙拉古士兵就用阿基米德发明的一种强有力的巨弩，发射出大量的大块石头，像陨石雨一样，把"萨姆布卡"砸得七零八落。同时又万弩齐发，飞箭如雨，罗马士兵死伤无数。吓得目瞪口呆的马塞勒斯只好下令暂时退兵，再作计议，等待陆上进攻的消息。可是陆地进攻也遭到叙拉古人的顽强抵抗，虽然进攻多次，也未得逞，反而损失惨重。

由于正面强攻受挫，罗马人决定夜间偷袭。他们认为阿基米德的武器发射的飞弹只是对远距离的目标有效，如果夜里避开守城士兵的视线，偷偷进军到城墙边上，这样便无能为力了。哪知阿基米德早已制造了一种叫做"蝎子"的武器，从城墙的孔洞里发射出如雨般的炮弹，把罗马军队打得落花流水。

　　还有一种传说，说阿基米德曾发明一种巨大的火镜，反射太阳光把敌船烧毁了。鉴于当时的技术似乎还不够发达，一般人认为这可能是有人根据阿基米德已经发现抛物面反射镜能聚焦这一性质而夸张出来的故事。有的书上说阿基米德发明一种武器，发射火球到敌船上，烧毁敌船，这大概是可信的。

　　由于阿基米德成功地将自己掌握的科学技术用于保卫祖国的军事斗争中，也由于叙拉古人民的顽强抵抗，罗马军队进攻叙拉古的计划长期无法实现。阿基米德的发明使敌人心惊胆战，成了惊弓之鸟，以致只要看到城上有一根绳子或一块木头扔出来，罗马士兵就立即抱头鼠窜，惊呼："阿基米德的武器又在瞄准我们了！"

　　面对阿基米德具有巨大威力的武器，罗马军队非常沮丧。马塞勒斯曾嘲笑自己的工程师和工兵说："我们还能同这个精通几何学的'百手巨人'（Briareus，希腊神话中的巨人，有50个头，100只手）打下去吗？他轻松稳当地坐在海边，把我们的船只像玩掷钱游戏一样抛来抛去，弄得我们的船队一塌糊涂。他还向我们打来那么多飞弹，简直比神话里的百手魔怪还厉害！"

在攻坚战术失败后，罗马军队改变了作战的策略，采取长期围困的办法消耗叙拉古。公元前212年，叙拉古终因粮食耗尽、叛徒出卖而被罗马军队攻陷。祖国的沦陷，也意味着阿基米德将走完自己光辉的一生。

马塞勒斯是一位有远见、重知识的高级将领。在攻占叙拉古时，他发布了很多禁令，限制士兵的野蛮行径。但残酷的战争仍免不了罗马将士对战败国的劫掠，叙拉古仍惨遭涂炭。阿基米德也不幸成了战争的牺牲者。

对阿基米德，马塞勒斯非常敬重他的学识、智慧和精神，他曾下令手下的兵将不许伤害这位贤德智者。可是，阿基米德还是死在罗马士兵手里。这使马塞勒斯甚为悲痛。除了严惩这位士兵之外，他还寻找阿基米德的亲属，给予抚恤，并表达了深切的敬意。他又给阿基米德修墓，并立碑表示景仰之情。在碑上刻有一个图案：球外切于圆柱体，完成了阿基米德生前表示要在墓碑上铭刻这个图形的愿望。阿基米德发现并证明了球的体积和表面积，分别等于它的外切圆柱的体积和表面积的2/3。阿基米德把这视为他最得意的成果。

关于阿基米德之死，在具体细节上有不同的说法。最早的一个说法是在兵荒马乱中，侵略军大肆杀戮。阿基米德当时正在沙盘（希腊人在平板上铺上细沙，在上面进行书写，演算和画图，这种铺有细沙的平板叫做沙盘）画图，一个罗马士兵一剑将他刺死了，而他并不知道他杀死了一位智慧之星。

又有一种说法是阿基米德正给马塞勒斯带来他的数学仪器、日晷仪、球以及测量太阳这类天体的工具，一些罗马士兵遇到了他，以为他是一个富人，带了很多金银财宝，便起了谋财害命之心，把他杀了。

下面的几种说法则更能体现阿基米德的个性特点：

（一）罗马士兵见到阿基米德，就不问是谁便要动手杀人。阿基米德看了他一眼，请求他等一会儿，以免让这道只研究了一半而尚未解决的问题留给后人。可士兵压根儿就不懂这些，便立即动手把他杀了。

（二）一个罗马士兵发现了阿基米德，命令他跟他去马塞勒斯那里。而阿基米德沉浸于他的问题证明之中，不想放下问题就跟士兵走，便严正地拒绝道：除非我证明了这个问题，否则我不会跟你去的！士兵被激怒了，抽出利剑，不管三七二十一就把阿基米德杀了。

（三）阿基米德在俯身画一些机械图，一个罗马士兵出现了，立即过来要抓他去做俘虏。阿基米德正在全神贯注地画图想问题，没有注意到罗马士兵来了，还以为是个闲人呢，便说道："站开点，伙计，别靠近我的图！"那人继续过去拽他，他才抬头看清是一个罗马士兵，立即喊道："给我一件器械！"士兵给吓了一跳，立刻杀了他，老人就这样惨死在士兵的屠刀下。

阿基米德虽然以75岁高龄牺牲在罗马侵略者手里，留下许多遗憾，但所幸的是，他的许多著作经历了2000多年历史的汰选，保留至今。在这些著作中有一本十分重要，现称《方法论》。它是20世纪对希腊文献的重大发现。

1906年，哥本哈根大学的古典哲学教授J·L·海伯格（Heiberg，1854—1928）在土耳其的君士坦丁堡发现了一部擦去旧字后重新写上新字的羊皮纸书（这种用羊皮做成的书写材料，可多次使用。它是西方古代常用的文献材料，在公元3—13世纪使用很普遍）。旧的字迹没有擦干净，可以判定是10世纪时写上去的。擦去之后，大约在13世纪写上了一大堆正教的祈祷文和礼拜仪式，作为中世纪的宗教文献保存下来。细心的海伯格发现旧的字迹隐约可辨，便仔细辩阅，他惊喜地发现这是阿基米德著作的抄本。通过摄影等技术的处理，终于使旧字迹重现出来。1908年，经过不懈努力，185页的文稿（除很少量完全辨认不了者外）重见天日。这件羊皮纸文献中有一些是现存尚有其他希腊文本的著作；有的著作此前只存有拉丁文译本，这件文献的发现弥补了没有希腊文原本的缺憾。更为重要的是其中有一封阿基米德写给埃拉托塞尼的信，它是前所未见的，这就是《方法论》。

阿基米德发现了很多具有高难度的几何定理，其中有的即使使用今天的微积分来处理，也不是那么轻而易举的事，而阿基米德不仅发现了，而且证明了。那么，阿基米德是如何获得这样高难度的结果的呢？在《方法论》发现之前，这一直是留在数学史家心中的谜。《方法论》的发现，解开了这一谜团。

　　原来，阿基米德是用一种力学方法作出他的美妙发现的，这种方法的中心思想是要计算一个未知量（图形的面积、体积等），先将它分解成许多微小量（如面积、体积分别分解为线段、薄片），再用另一组容易计算总和的同类的微小量来与之比较，通常是建立一个杠杆，找到一个合适的支点，使两组微小量正好平衡。计算出那组容易求积的微小量之和后，利用平衡原理，就可以求出未知量来。下面我们以《方法论》中的命题为例，说明阿基米德的方法。

　　这个命题：一个旋转抛物面（一抛物线围绕它的轴旋转而成的曲面）被一垂直于轴的平面所截，则抛物面与截面所围成的体积等于同底等高的圆锥体积的3/2倍。

设BAC是过轴的平面与抛力气面相交止的抛物线，A为顶点。又设BDC是垂直于轴的平面与平面ABC的交线，D为轴与BDC之交点。延长DA至H，使$AH=DA$。过A作平行于BC的直线EF，作CF、BE各垂直于EF，E、F为垂足。在DA上任取一点S，过S作平行于BC的直线，分别交BE、FC于M、N，交抛物线于O、P。考虑圆柱$EFCB$（以BC为直径的圆是其底面圆，DA为高），圆锥BAC（底、高同圆柱$EFCB$）、抛物面与垂直于DA的平面所围成的立体抛物体BAC。

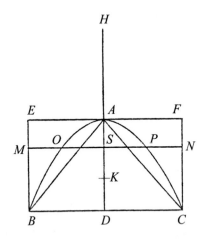

由抛物线的性质，有$DA：AS=BD^2：OS^2$（这是因为$DA=aBD^2$，$AS=aOS^2$），所以

HA：*AS*=*MS*² ：*OS*²，即得 *HA*：*AS*=以 *MS* 为半径的圆：以 *OS* 为半径的圆=圆柱 *EFCB* 之截面圆：抛物体 *BAC* 之截面圆。由 *S* 之任意性知所有垂直于 *DA* 的平面所截得的截面圆均有以上关系式成立。

我们把所有半径为 *MS* 的圆合并起来视为圆柱 *EFCB*，把所有半径为 *SO* 的圆合并起来视为抛物体 *BAC*。那么圆柱 *EFCB* 与抛物体 *BAC* 关于支点 *A* 平衡，这时抛物体的全部重量放在 *H* 点，圆柱全部重量放在它的重心 *K*，显然 *K* 是 *AD* 之中点。于是

HA：*AK*=圆柱：抛物体

所以，抛物体=$\frac{AK}{HA}$ 圆柱=$\frac{1}{2}$ 圆柱=$\frac{3}{2}$ 圆锥 *BAC*。

就这样，阿基米德用力学平衡的方法求出了抛物体体积。

值得注意的是，这种方法阿基米德并不认为是一种合格的证明方法，在别的地方他还要用严格的几何方法去证明（一般是归谬法）它（此命题的证明详见《劈锥曲面与回转椭圆体》）。这是由于古希腊关于无限的讨论陷入危机，数学家极力避免使用不可分量是否可积的观念所造成的影响。所以阿基米德虽然用

到不可分量可积的观念去推测问题的答案，但并不认为这是符合几何学要求的方法。同时，他也回避了这些微小量是否有宽度或厚度、它们的数量是有限还是无限这样一些问题。

17世纪微积分产生以前的求积方法，其实并不比阿基米德的方法高超多少，只是当时的数学家对他们的求积方法更加自信，而不像阿基米德那么刻意追求严格的几何证明了。

《方法论》的前言中有这样一个问题是非常有趣的：两个外切于同一正方体的正交圆柱所围成的体积等于正方体体积的2/3。由于羊皮纸被擦，获得这个问题的具体方法没有保存下来。数学史家Zeuthen按照阿基米德的思路给出了一个方法。这样一个立体也出现在中国古代的数学著作中。它是公元3世纪刘徽在注《九章算术》开立圆（立圆即球）术时为求球体积中设计的，并取名牟合方盖。刘徽认为正方体的内切牟合方盖与内切球的体积为4：π，如果求出了牟合方盖的体积，就得到了球体积。但牟合方盖的体积直到2个多世纪后的祖暅才得出正确的公式。

《论螺线》是阿基米德的具有开拓性的成果之一。在这篇论文中，他引入了今天名为阿基米德螺线的曲线：一条射线以匀速绕着它的端点旋转，同时一动点从端点出发沿着射线做匀速运动，那么运动点就描绘出一条（阿基米德）螺线。射线初始的位置叫始线（OA），固定端点叫原点。始线与旋转一圈所产生的螺线所围面积叫做"第1面积"。

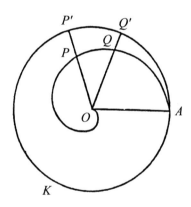

　　阿基米德讨论了螺线所围的面积，螺线的切线，得出了很多有趣的命题。如命题21证明了第1面积等于第1圆（以原点为圆心，以始线被螺线旋转第1周时所截得的线段的半径所作的圆）的面积的1/3。又如命题20：P是螺线第一周上的任意点，$OT \perp OP$，过P

的切线交*OT*于*T*，以*OP*为半径的圆交始线于*K*，交*PT*于*R*。那么*OT*等于圆弧*KRP*。

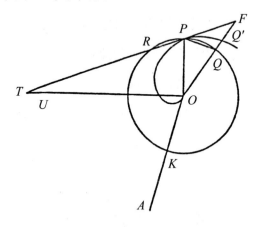

　　这类独具匠心、难度很大的问题在阿基米德的著作中还有很多。不仅对几何学、算术、力学、机械制造等阿基米德具有杰出的创造，而且在天文方面也做出了有价值的工作。据说马塞勒斯攻占叙拉古时，曾获得两座阿基米德制作的天文仪器。一座是天球仪，上面刻有各个星座；另一座可视为天象仪，借助机械或水力可以演示日、月、行星的运动，以及日食、月食等天象。

　　在科学史上，有的科学家勇于开拓新的领域，建立新的理论；有的科学家善于完善已有的理论框架，而兼有两方面优点的却不多见。阿基米德正是这少数者中的杰出代表，他把惊人的独创和严格的论证融为一体，还能理论联系实际，使二者互相促进，从而在各方都取得了惊人的成果。鉴于阿基米德超越时代的工作，他被誉为"数学之神"，而数学史家贝尔（Bell，1883—1960）则说：任何一张列出有史以来3个最伟大的数学家的名单中，必定包括阿基米德。可见他的成就之大，影响之深远。

出于对这位独步古今的科学家的景仰，后世不时有人想去阿基米德的墓地凭吊。公元前一世纪，罗马的著名政治家和作家西塞罗（Marcus Tullius Cicero，前106—前43）在西西里任财政官员，想去墓地凭吊阿基米德。可当地的居民竟否认有这么一个墓。一些人用镰刀割去杂草，开辟小径，终于发现了一座高出杂树不多的小圆柱，上面刻着的球外切于圆柱的图形还清晰可见，墓志铭虽然有一半被风侵雨蚀，但仍依稀可辨。又过去2000多年后，时光的流逝又湮灭了这座墓碑。现在发现有一人工凿砌的石窟，宽约10余米，内壁长满了青苔，被人说成是阿基米德之墓，但没有任何证据能证明其真实性。前些年，发现真正阿基米德墓地的消息仍时有耳闻，但难辨真假。然而这些发现正反映出阿基米德的英灵不死，他的爱国热忱、天才智慧和科学精神仍然在我们这个时代大放光辉，激励人们为科学技术和自由幸福而奉献自己的力量。

古代几何学的极致

公元前4世纪末至前2世纪初，古希腊数学达到了它们的黄金时代，出现了很多优秀的数学家，而其中与欧几里得、阿基米德并称亚历山大前期三大数学家的又一杰出代表就是阿波罗尼奥斯（Apollonius of Perga，前262—前190）。

阿波罗尼奥斯的家乡在黑海与地中海之间安纳托利亚南部古国潘菲利亚的主要城市佩格尔（Perga或Perge），但他年轻时就去了亚历山大，跟随欧几里得的后继者学习。到托勒密四世（Ptolemy

Philopator，前221—前205在位）时期，他在天文学研究方面已经很有名气。阿波罗尼奥斯在亚历山大学习一段时期后，又到过小亚细亚西岸的帕加马王国。这里的国王阿塔罗斯一世（Attalus I soter，前269—前197年，前241—前197年在位）除崇尚武功外，还注重文化建设。帕加马有一个仅次于亚历山大图书馆的大图书馆，加以学术空气浓厚，阿波罗尼奥斯在这里收益很大。在这里，他结识了一些朋友，其中包括欧德莫斯。阿波罗尼奥斯还去过以弗所，结识了菲洛尼底斯，并介绍他与欧德莫斯认识。

阿波罗尼奥斯的主要成就是建立了完善的圆锥曲线理论。他所撰的《圆锥曲线论》8卷，将圆锥曲线的性质网罗殆尽，几乎使后人没有插足的余地，反映了他的天分之高、用功之勤。直到1800年后的帕斯卡和笛卡儿才在这方面做出实质性的推进。

圆锥曲线的产生起因于二倍立方体的作图问题。希波克拉底把问题归结为求a与$2a$的两个比例中项x、y：$a:x=x:y=y:2A$。如果a为正方体之一边，那么x就是所求的正方体的边。显然，$x^2=ay$，

$y^2=2ax$，$xy=2a^2$。这三个方程在今天的解析几何中前两个对应着抛物线，后一个对应着双曲线。如果这抛物线和双曲线能作出，那么比例中项就可以作出。门内劳斯发现这两种曲线，并用来解决二倍立方体问题。

门内劳斯用垂直于圆锥母线的平面去截圆锥面，当圆锥的顶角（母线与轴的夹角之2倍）分别为锐角、直角和钝角时，所得到的截线分别称为"锐角圆锥截线"（亦即椭圆）、"直角圆锥截线"（亦即抛物线）、"钝角圆锥截线"（亦即双曲线）。这些名称后为欧几里得、阿基米德沿用。门内劳斯之后，稍晚的阿里斯泰奥斯（Aristaeus，约活跃于公元前340）著有《立体轨迹》5卷，论述圆锥曲线。不久欧几里得又撰《圆锥曲线》4卷，更有系统地论述圆锥曲线的性质。欧几里得还在《现象》一书中指出：用平面截正圆柱或正圆锥，只要它不平行于底，所得截线就是"锐角圆锥截线"，其形状有似盾牌。

阿基米德更进一步证明任何一个椭圆都可以视为一个圆锥的截线，并且这个圆锥面的顶点的选择有相当大的任意性。他还对圆锥曲线与直线所围成的面积，以及由圆锥曲线所产生的旋转体做了大量深入的研究，解决了一些极为困难的求面积、体积、重心等问题，为圆锥曲线理论积累大量的知识。

阿波罗尼奥斯正是在大量前人工作的基础上，进行更深入的研究，发现了很多新的定理，并把这些知识逐条分析，重新组织，终于建立了有关圆锥曲线的一个完整的体系，铸成了他的巨著《圆锥曲线论》。

《圆锥曲线论》原8卷，现存7卷，有387个独立命题和一些定义。全书完全用文字来表达，没有使用符号和公式，因此叙述冗长，有时也不免言辞含混，读起来比较费劲。

前4卷是基础部分。卷1前有阿波罗尼奥斯写给欧德莫斯的信（前3卷寄给了他），扼要说明此书的写作经过和主要内容，说他给出的3种截线的定义与性质，比其他人更为全面和更具一般性。之后给出了8条定义。在阿波罗尼奥斯之前，用直角三角形绕它的一条直角边旋转一周来定义圆锥。阿波罗尼奥斯的定义有所不同：设V是圆所在平面外的一点，连结V与圆周上任一点S的直线，当S绕圆周移动一周时产生的曲面就是圆锥，固定点叫圆锥的顶点，给定的圆叫底，V与底的圆心之连线叫轴。圆锥在顶点的两侧各有一支。如果轴与底垂直，这圆锥就叫正圆锥，这就是阿波罗尼奥斯以前的圆锥。如果轴不垂直于底，这圆锥就叫做斜圆锥。他还定义直径、共轭直径、截线的轴等概念。

在定义之后，阿波罗尼奥斯给出了60个命题。在这些命题中，他用不同位置的平面去截同一个圆锥，得到椭圆、双曲线和抛物线3种曲线，这为今天的教材所采用。他又讨论了很多涉及直径、共轭直径和切线等方面的问题，这些要领也出现在今天的解析几何中。卷1还有10来个命题相当于坐标变换，又有一些作用题，要求作出满足一定条件的圆锥曲线。

卷2讨论了双曲线的渐近线，有53个命题，给出了双曲线渐近线的定义及其存在性的证明，证明了共轭的双曲线具有相同的渐近线，并探讨了直径、切线、渐近线之间的关系，提出了一些作图的问题。

卷3讨论了圆锥曲线的直径、对称轴、弦、切线、渐近线等所构成的圆形的面积及比例关系，并讨论了后来称为焦点的性质。如命题48证明了双曲线、椭圆上的点与其二焦点的二连线，和该点处的切线成等角。

卷4继续讨论卷3中的问题，并用很大篇幅讨论了圆锥曲线交点的个数。

卷5是研究极大、极小问题。

卷6讲全等相似，以及如何从一正圆锥上截出一个与已知圆锥曲线相等的曲线等作图的问题。

卷7是关于共轭直径的讨论。如命题12：椭圆的两条共轭直径上的正方形之和等于两条对称轴上的共方形之和，等等。

阿波罗尼奥斯除《圆锥曲线记》外，还有其他一些著作，但大多失传或残缺了。但我们仍能窥见他的某些成果。他讨论了很多轨迹问题，有的隐含有反演的思想；证明了与二定点的距离之比为常数（≠1）的动点的轨迹是一个圆（后人称之为阿波罗尼奥斯圆）；研究了正多面体的体积；计算了圆周率，等等。此外，阿波罗尼奥斯还推算过月球与地球的距离，并把本轮、均轮的宇宙理论推广于一切行星，同时作了详细的数学论证。

　　阿波罗尼奥斯使希腊几何学达到了最高水平，特别是《圆锥曲线论》充分体现了希腊几何学所达到的高难程度及美学境界。自此以后，希腊几何学没有再做出实质性的推进。同时，阿波罗尼奥斯也为古希腊传统几何学埋下了革新的种子。17世纪以后的解析几何和射影几何两大几何新领域，其思想均在阿氏的著作中现端倪。可以说，阿波罗尼奥斯在几何学上达到了他的时代所允许他达到的最高水平，是古代几何学发展史上一座最显耀的丰碑。

代数学之父丢番图

　　活跃于公元3世纪的丢番图（Diophantus of Alexandria）的生卒年我们难以确知，但一篇别开生面的墓志铭却为我们提供了他的生平材料：

　　坟中安葬着丢番图，

　　多么令人惊讶，

　　它忠实地记录了所经历的道路

　　上帝给予的童年占六分之一，

　　又过十二分之一，两颊生须，

　　再过七分之一，点燃起结婚的蜡烛。

五年之后天赐贵子，

可怜迟到的宁馨儿，

享年仅及其父之半，便进入冰冷的墓里

悲伤只有用数论的研究弥补，

又过四年，他也走完了人生的旅途。

根据这篇墓志，可以推算出丢番图过了14岁的童年生活，21岁成年，到31岁才结婚，36岁才生了一位贵公子，确实是晚婚晚育了。他儿子活到42岁就去世了，丢番图其时已80岁，晚年丧子，自然是件令人悲伤的事，他把精力全部用于数论的研究，以求精神寄托。4年后，丢番图去世了，享年84岁。

丢番图著有《算术》13卷，《多角数》等著作。他讨论了数论和代数方面的很多问题。古希腊数学以几何的研究见长，丢番图的研究成果为我们展示了希腊数学的另一侧面。

在《算术》里，丢番图讨论了一次、二次和极少量三次方程以及大量不定方程问题。由于丢番图在不定方程的研究上卓有成效，现在的数论研究中仍把求整数解的整系数不定方程叫做丢番图方程，它已是数论中的一个分支。不过，丢番图并不局限于答案为整数而是要求正有理数解。

丢番图的《算术》是代数学的早期典范著作。引入未知数，并对未知进行运算，是代数学的重要特点。它与算术中未知数就是问题的答案，一切运算只对已知数施行的情况是不一样的。丢番图引入未知数，创设未知数的符号并对它进行运算以建立方程，这些处理方法和思想是对以往算术的重大突破，为后来的数学家费马、韦达、欧拉、高斯等接受，成为符号代数学的先驱。难怪有的数学史家把丢番图称为"代数学之父"。

丢番图创设符号来表示未知数，是数学史上的一次飞跃。但是，这些符号大多来自相应文词的字头，同时问题的叙述也仍然主要采用文字，和现代的符号代数还有很大的差距。

丢番图处理的问题大多是多元的，但他只设一个未知数的符号，相当于今天的x。而未知数的各次幂，却用专门的名称和符号，如：

幂次	名称	符号
x	$\alpha\,\rho\,c\theta\,\mu\,os$	s
x^2	$\delta\,\upsilon\,\alpha\,\mu\,cs$	$\triangle^r$
x^3	$K\upsilon\,\beta\,os$	K^r
x^4	$\delta\,\upsilon\,\upsilon\,\alpha\,\mu\,O\delta\,\upsilon\,\alpha\,\mu\,ls$	$\triangle^r{}_\triangle$
x^5	$\delta\,\upsilon\,\upsilon\,\alpha\,\mu\,o'k\upsilon\,\beta\,os$	$\triangle K^r$

丢番图用M表示数的单位，在希腊字母上的横线表示它在式子中为数字，未知数的系数紧接着写在未知数后面，与我们今天的记法相反。这样，丢番图就可以表示代数式了。如$K^r\,\overline{\alpha}\,\triangle'l\overline{YS}E\overset{\circ}{M}\overline{\beta}$ 就相当于(x^3+13x^2+5x+2)。

丢番图没有加号，但有减号，所有的负项都放在减号↑之后，如(x^3-5x^2+8x-1)写成：$K^r\,\overline{\alpha}\,s\,\overline{\eta}\,\uparrow\triangle'E\overset{\circ}{M}\overline{\alpha}$。对于分式和等式，丢番图也有自己的一套记法。

丢番图由于只用一个符号来表示一个未知数，遇到多个未知数时仍使用同一符号，这就使得计算过程越来越晦涩不明。为了避免混淆，他不得不发明高难度的技巧，而这又往往依他的方法失去普适性。丢番图对问题的解答只满足于一个答案，也排斥负数和无理数。由于他只满足了一个答案，也就没有必要寻找一种普遍的解法，因而借助了某些技巧就可以得到一些高难问题的特殊解。

下面我们用今天的记法来举例说明丢番图的方法。《算术》卷Ⅱ第20题：求两个数，使得任意一个数的平方与另一个之和等于一个平方数。这相当于求解不定方程组

$$\begin{cases} x^2+y=M^2 \\ y^2+x=N^2 \end{cases}$$

这里未知数x，y及m，n都是正有理数。

上式中有两个未知数，而丢番图只设一个未知数，也只使用一个未知数的符号，其余的未知数则根据问题的条件用一个含所设未知数的式子表示。设其中一个未知数为x。由于x^2加上另一个未知数后仍得一个平方数，丢番图为了配成一个完全平方，便设另一个数为（$2x+1$）。根据题意，则这两个数还应满足（$2x+1$）^2+x也是一个平方数。

为了使平方项可以消去，丢番图设这个平方数为

$(2x-2)^2$，于是

$4x^2+4x+1+x=4x^2-8x+4$

$13x=3$

这样，丢番图求得$x=\dfrac{3}{13}$，另一数为$(2x+1)=\dfrac{9}{13}$

又如卷II第8题，把一个已知的平方数分解为两个平方数之和。例如这个平方数是16。

丢番图设其中一个平方数为x^2，那么另一个是$(16-x^2)$。现在要使$(16-x^2)=M^2$为平方数，不妨设$m=tx-4$，t为某整数，而4是16的平方根。令$t=2$，便有

$16-x^2=4x^2-16x+16$

于是$x=\dfrac{16}{5}$，这样便把16分解为$\dfrac{256}{25}=\left(\dfrac{16}{5}\right)^2$和$\dfrac{144}{25}$ $=\left(\dfrac{12}{5}\right)^2$。

这是一个饶有趣味的问题，据说17世纪时的大数学家费马（Fermat，1601—1665）在读到丢番图著作中的这个问题时，在书页的空白处写下了这样一段话："将一个立方数分解为两个立方数，一个四次幂分解成两个 四次幂，或者一般地，将一个高于二次

的幂分为两个同次的幂，这是不可能的。关于这，我确信已经发现了一种美妙的证法，可惜这空白地方太小，写不下了。"这里的命题今天表述为：当 n 是大于2的正整数时，不定方程 $x^n+y^n=z^n$ 没有正整数解。这就是著名的费马大定理。

虽然费马声称自己证明了上述定理，但他的证明始终没有发现。现在人们一般相信费马的证明是错的，而费马虽然曾确其证明了一种特别的情形，但他的证明并不是完全的。费马定理300多年来吸引了众多的数学家，但至今没有人证明，也没有人能否认。前几年有位英国数学家被认为证明了费马大定理，但后来还是承认有些漏洞。费马大定理虽然还没有得到彻底解决，但对它的研究推动了数学的发展，这里无疑也有丢番图的一份功劳。

由于丢番图只用一个符号表示未知数，在遇到多个未知数时，不得不用一些词句表达；同时在多数情况下他令那些未知数取得具体的数值，使问题特殊化；加之他没有创设符号去表示数，因此所有的解法都针对具体数字而设，这样就很难得到普遍适用的一般解法。他的《算术》以问题集的形式收录了290个题目和10多个引理与推论（由于现存的只有10卷，原书实际不止此数），大体上由易到难排列，但很难看出有什么分类标准，而解法更是五花八门，没有一定之规，所以此书的缺点是显而易见的。数学史家H·汉克尔（Hankel，1839—1873）说："近代数学家研究了丢番图的100个问题后，去解第101个问题，仍然会感到困难……丢番图使人眼花缭乱甚于使人欣喜。"

丢番图的工作，与希腊古典传统用几何表述代数问题迥然不同，从思想方法到问题的对象都给人耳目一新的感觉，反映了希腊晚期数学的另一种侧面。由于丢番图的研究和希腊重视演绎的几何具有完全不同的风格，而与巴比伦人在代数方面的成果有很多相似之处，特别是有的问题直接见于巴比伦的泥板书，所以人们推测他深受巴比伦数字的影响，甚至有人猜想他是希腊化的巴比伦人，而他的工作则被说成是"盛开的巴比伦代数的花朵"。当然，丢番图系统地使用符号，深入探讨了抽象的数的关系，在数论和代数领域作出了杰出的贡献，已经远远超越了巴比伦人的水平，为数学的发展开辟了新的道路，对西方数学、阿拉伯数学产生了深远的影响，甚至今天的高等数学还可以见到以他的名字命名的概念和定理。丢番图的名字至今仍闪耀着科学的光辉。

世界五千年科技故事丛书